电力数字空间
与新型电力系统

国网信息通信产业集团有限公司　组编
黄　震　主编

中国电力出版社
CHINA ELECTRIC POWER PRESS

内 容 提 要

随着云大物移智链等数字技术的飞速发展与深度应用，在人类赖以生存的物理世界之外逐渐衍生出一个全新的数字空间。电力数字空间是能源电力行业的数字空间，是网络空间命运共同体在电力行业的创新实践，是电网数字化转型的重要抓手，是新型电力系统的"神经中枢"。

为使广大读者对电力数字空间有全面的了解，本书阐述了新型电力系统背景与特征，分析数字化与新型电力系统的关系，提出电力数字空间基本概念；在分析新型电力系统数字化需求的基础上进一步介绍电力数字空间构建思路、总体架构与关键技术；详细阐述电力数字空间基础设施、智慧中枢、安全防护及能源生态等组成部分的实现方案、典型技术与主要产品；并介绍了电力数字空间的典型创新应用。

本书可供能源电力行业的从业人员使用，也可供能源电力、信息通信相关专业师生参考。

图书在版编目（CIP）数据

电力数字空间与新型电力系统/黄震主编；国网信息通信产业集团有限公司组编 .—北京：中国电力出版社，2022.5（2023.3 重印）
ISBN 978 - 7 - 5198 - 6450 - 7

Ⅰ. ①电… Ⅱ. ①黄… ②国… Ⅲ. ①数字技术－应用－电力系统 Ⅳ. ①TM7 - 39

中国版本图书馆 CIP 数据核字（2022）第 016927 号

出版发行：中国电力出版社
地　　址：北京市东城区北京站西街 19 号（邮政编码 100005）
网　　址：http://www.cepp.sgcc.com.cn
责任编辑：赵鸣志（010 - 63412385）　马雪倩
责任校对：黄　蓓　朱丽芳
装帧设计：赵姗姗
责任印制：吴　迪

印　　刷：三河市万龙印装有限公司
版　　次：2022 年 5 月第一版
印　　次：2023 年 3 月北京第三次印刷
开　　本：787 毫米×1092 毫米　16 开本
印　　张：15.25
字　　数：208 千字
印　　数：3501—4500 册
定　　价：88.00 元

本 书 编 委 会

主　　任：黄　震　李　强

副 主 任：张立军　赖征田　李金安　辛　永　赵东艳

　　　　　王远征　许元斌　孙　挺

主　　编：黄　震

副 主 编：许元斌　刘　柱　孙丕石　谢　可　刘　迪

编写人员（按姓氏笔画排序）：

丁学英　于海生　万　涛　马红月　王　婧(山东)　王　婧(吉林)

王世林　王永贵　王兴涛　王志刚　王春新　王琰洁

龙怡如　白　杰　白景坡　包北方　刘泽三　刘膨源

许中平　杜　月　李　治　李晓珍　李温静　吴　庆

邱　镇　张　帅　张　维　张　楠　张春玲　孟洪民

赵雅迪　胡全贵　贾伟昭　郭　翔　黄晓光　崔　蔚

彭　卉　廖　逍　潘　轲　魏志丰

组编单位：国网信息通信产业集团有限公司

序言一

"双碳"目标的提出彰显了我国积极应对气候变化、走绿色低碳发展道路、携手全人类共同发展的坚定决心，展示了构建人类命运共同体的大国担当。推动数字技术与电力系统融合发展，构建智慧能源体系，完善新型电力系统建设和运行机制，是促进能源绿色低碳转型、实现"双碳"目标的重要手段。

数字技术对能源电力行业的绿色低碳化转型极为重要，体现在电力系统生产、经营各环节，以及数字基础设施建设、数字赋能业务创新、数据要素价值释放等各方面。面向新型电力系统电源结构、电网形态、负荷特性、技术基础和业务模式等方面的深刻变化，以及可观测、可描述、可控制等新需求，需要打造更加完善的数字技术体系、应用体系与生态体系。

随着数字技术的飞速发展，"数字虚拟人""数字商场"等数字应用层出不穷，逐步催生出一个与物理世界融合的空间，这一趋势正在向工业、制造业渗透。国网信息通信产业集团有限公司作为能源互联网建设的中坚力量和数字化转型发展的主力军，立足能源禀赋，总结多年电力数字化技术经验和成果，创新性地提出"电力数字空间"理念，以电力数据为载体，以服务新型电力系统为首要目标，融合能源技术与数字技术，打造新业态、新模式，为新型电力系统高质量发展提供数字引擎。

为全面阐释"电力数字空间"，国网信息通信产业集团有限公司组织相关专家完成本书编写工作。本书系统翔实地介绍了"电力数字空间"的相关概念特征、总体架构、关键技术、典型应用，注重科学性、体现时代性、突出实用性，对开展新型电力系统数字化研究、开发和应用实践都具有较强的借鉴作用。 在此，我特向读者推荐本书，相信本书可为相关领域科研人员、工程技术人员、高校师生提供有益的帮助。

管晓宏

中国科学院院士

2022 年 3 月 6 日

序言二

习近平总书记在第七十五届联合国大会上面向国际社会作出"碳达峰、碳中和"的郑重承诺，在中央财经委第九次会议上提出构建新型电力系统的目标，明确了"双碳"背景下我国能源电力转型发展的方向。 在新型电力系统中，电源结构、电网形态、负荷特征、运行特性等方面将发生深刻变化，给电力行业发展注入新活力的同时也将为电力系统安全稳定运行带来新挑战。

近年来，云大物移智链等数字技术飞速发展、数字经济方兴未艾，"迈向数字文明新时代、携手构建网络空间命运共同体"已经成为社会共识，一个既映射于又独立于现实世界的"数字空间"正在加速形成。 数字空间映射、仿真、预测、互动等特性高度的契合新型电力系统可观、可测、可控等需求，这种"契合"不再是传统信息通信技术的"支撑角色"，而是通过"电力＋算力＋数据"的深度融合，将数字技术、数据要素嵌入到电力生产、企业运营等关键环节，最终驱动新型电力系统创新发展。 但是在如何实现"数字技术与电力业务深度耦合""数据要素价值全面释放"等具体操作层面，尚处于探索起步阶段，缺乏实践指导。

国网信息通信产业集团有限公司基于多年的能源电力行业数字化理论研究与实践经验，立足新型电力系统重大需求，以数字技术和数据要素为驱动，提出了电力数字空间理念，组织相关专家完成本书编写工作。 本书全面阐述了电力数字空间基本概念、功能定位、总体架构、关键技术与建设思路；诠释了数字化、电力数字空间与新型电力系统之间的关系；描述了电力数字空间基础设施、智慧中枢、安全防护及能源生态等组成部分的实现方案；最后围绕电源域、电网域、消费域及政府域等方面介绍了电力数字空间赋能新型电力系统创新发展的十八个典型应用。

　　本书主要参编人员都是长期从事能源电力行业数字技术研究与应用的实践者，本书是这些研究工作的提炼总结。本书内容新颖，介绍的案例多为企业实践，兼顾了前瞻性与实用性，对新型电力系统"数字赋能"进行了有益探索，具有较强的参考价值。

中国工程院院士

2022 年 2 月 26 日

前　言

　　新一轮信息技术蓬勃发展，推动全球加速进入数字时代。《中华人民共和国国民经济和社会发展第十四个五年规划和 2035 年远景目标纲要》指出，要迎接数字时代，加快建设数字经济，推动构建网络空间命运共同体，以数字化转型整体驱动生产方式、生活方式和治理方式变革。随着变革的深入，物理世界的数字化程度不断提高，逐渐形成一个能够映射物理世界自然属性和社会属性的数字空间。

　　随着大数据、物联网、人工智能等先进数字技术与能源产业深度融合，电力系统数字化水平不断提升，数据要素全面激活，数字业务全面部署，必然会形成一个覆盖电力系统全过程、全环节的电力数字空间；同时，新型电力系统构建为数字技术创新应用提供了丰富的场景，推动数字技术不断演化发展，必然会形成一套构造与完善电力数字空间的理论方法。

　　电力数字空间是以电力数据为载体，以服务新型电力系统为首要目标，融合能源技术与数字技术，映射新型电力系统自然属性与社会属性，具有虚实融合、自驱自治、智能交互、开放包容等基本特征的数字空间。电力数字空间以"数"为媒，充分发挥网络空间命运共同体互联互通、共享共治理念，深度融合能量流、信息流、业务流，服务电网数字化转型，赋能新型电力系统建设。

　　国家电网有限公司高度重视数字化工作，在其发布的新型电力系统行动方案中明确将"加强电网数字化转型，提升能源互联网发展水平"作为构建新型电力系统的重点任务之一，并组织编制了《国家电网有限公司"十四五"数字化规划》，明确了"十四五"期间公司数字化工作的发展架构、目标任务与路径重点。国网信息通信产业集团有限公司作为能源互联网建设的中坚力量和数字化转型发展的主力军，积极响应国家电网有限公司重要战略部署，结合企业实践提出电力数字空间理念。为使广大读者对电力数字空间有更全面的了解，国网信息通信产业集团有限公司组织相关专家，完成了本书的编写工作。

本书分为8章，第1章阐述新型电力系统背景与特征，提出电力数字空间基本概念，诠释数字化、电力数字空间与新型电力系统的关系；第2章介绍新型电力系统及电网调度运行、设备管理、营销客服、经营管理各专业对数字技术的需求；第3章系统阐述电力数字空间的构建思路、总体架构及演进路径；第4章介绍电力数字空间芯片传感、通信网络、先进计算、分析决策、信息安全等关键技术；第5章介绍电力数字空间基础设施的实现方案、典型技术、主要产品；第6章介绍电力数字空间智慧中枢的架构、功能及典型应用场景；第7章介绍电力数字空间安全防护与能源生态的架构及应用；第8章介绍电力数字空间在电源域、电网域、消费域及政府域等方面的典型创新应用。

电力数字空间概念内涵丰富、涉及知识面广，为保证本书的质量，编者进行了广泛的资料收集、调研讨论。在此过程中，国网信息通信产业集团有限公司信通研究院、北京国网信通埃森哲信息技术有限公司、北京国电通网络技术有限公司、北京中电普华信息技术有限公司、国网思极网安科技（北京）有限公司、国网思极神往位置服务（北京）有限公司、安徽继远软件有限公司等单位及项目组为本书的编写做出了积极贡献，在此一并致谢。

由于编者水平有限，本书难免存在缺点和错误，殷切期望广大读者批评指正。

编　者

2021 年 12 月

目 录
CONTENTS

第5章　电力数字空间基础设施　　93

结束语 223

第1章 绪 论

2021 年 3 月 15 日，习近平总书记主持召开中央财经委员会第九次会议，研究实现"碳达峰、碳中和"的基本思路和主要举措，要求深化电力体制改革，构建新型电力系统，为能源电力发展提供了明确的行动纲领、科学的方法路径，对电力工业和电力企业转型发展具有重大战略指导意义。本章主要阐述新型电力系统背景与特征，分析电网数字化发展现状，提出电力数字空间基本概念，诠释数字化、电力数字空间与新型电力系统的关系。

1.1 新型电力系统背景与特征

1.1.1 新型电力系统背景

构建新型电力系统是党中央基于加强生态文明建设、保障国家能源安全、实现可持续发展做出的重大决策部署，是推动能源清洁低碳转型、助力"碳达峰、碳中和"的迫切需要，也是顺应能源技术进步趋势、促进电力系统转型升级的必然要求，还是实现电力行业高质量发展、服务构建新发展格局的重要途径。

首先，实现"双碳"目标，能源是主战场，电力是主力军。目前，我国能源结构以煤炭为主、高碳化特征明显，能源转型压力巨大。据估算，我国能源燃烧产生的碳排放量约为 98 亿 t，占全国总排放量的 88%；电力行业碳排放量约为 39 亿 t，占全国总排放量的 35%，大力发展风能、太阳能等新能源是实现"双碳"目标的关键。但是与常规电源相比，新能源发电单机容量小、数量多、布点分散，具有显著的间歇性、波动性、随机性特征。随着新能源大规模开发、高比例并网，并逐步成为电力供应的主体，系统电力电量平衡、安全稳定控制等将面临前所未有的挑战，构建功能更加强大、运行更加灵活的新型电力系统成为迫切需要。

其次，以"云大物移智链"为标志的数字技术与新一代电力电子、先进输电等能源技术深度融合，推动电力系统向高度数字化、清洁化、智慧化的方向演进。数字技术的应用实现了电力系统运行、企业运营、客户服务等环节关键信息的全息感知和高效处理，极大提升了电力系统分析预测、运行控制水平，推动了分布式电源、微电网的快速发展。因此，构建新型电力系统是科技进步的必然趋势，是创新驱动的必然结果。

最后，随着电力行业新产业、新业态、新模式不断涌现，促进供需对接、挖掘潜在价值、降低社会能耗需要强有力的平台支撑。目前，电力应用领域不断拓展，电力服务需求和消费理念日益多元化、个性化、低碳化，迫切需要构建新型电力系统，打造互联网与能源生产、传输、存储、消费以及能源市场深度融合的产业发展新形态，构建智能自洽、平等开放、绿色低碳、安全高效和可持续发展的能源生态圈，以高质量的电网平台为美好生活充电、为美丽中国赋能。

1.1.2 新型电力系统特征

新型电力系统受到各方关注，国家能源局及以国家电网有限公司（以下简称"国家电网"）、中国南方电网有限责任公司（以下简称"南方电网"）为代表的电网企业都提出了各自对新型电力系统的理解与认识，阐述了新型电力系统的特征。

国家能源局提出：构建新型电力系统是实现"双碳"目标的必然选择。新型电力系统的核心特征是新能源成为电力供应的主体，主要目标是清洁低碳、安全可靠、智慧灵活、经济高效，实现路径包括装备技术与体制机制创新、多种能源方式互联互济、源网荷储深度融合等。

国家电网在其发布的新型电力系统行动方案中提出：新型电力系统是以新能源为供给主体、以确保能源电力安全为基本前提、以满足经济社会发展电力需求为首要目标，以坚强智能电网为枢纽平台，以源网荷储互动与多能互补为支撑，具有清洁低碳、安全可控、灵活高效、智能友好、开放互动基本特征的电力系统。其中：

（1）清洁低碳是指形成清洁主导、电为中心的能源供应和消费体系，生产侧实现多元化清洁化低碳化、消费侧实现高效化减量化电气化。

（2）安全可控是指新能源具备主动支撑能力，分布式电源、微电网可观可测可控，大电网规模管理、结构坚强，构建安全防御体系，增强系统韧性、弹性和自愈能力。

（3）灵活高效是指发电侧、负荷侧调节能力强，电网侧资源配置能力强，实现各类能源互通互济、灵活转换，提升整体效率。

（4）智能友好是指高度数字化、智慧化、网络化，实现对海量分散发供用对象的智能协调控制，实现源网荷储各要素友好协同。

（5）开放互动是指适应各类新技术、新设备以及多元负荷大规模接入，与电力市场紧密融合，各类市场主体广泛参与、充分竞争、主动响应、双向互动。

南方电网在其发布的数字电网推动构建新型电力系统白皮书中阐述了新型电力系统的背景和意义、构建新型电力系统面临的新形势新要求以及"绿色高效、柔性开放、数字赋能"三大显著特征。其中：

（1）绿色高效是指新能源将成为新增电源的主体，并在电源结构中占主导地位，电力供给将朝着逐步实现零碳化迈进；终端能源消费"新电气化"进程加快，用能清洁化和能效水平显著提升，电力电子装备的广泛应用在提升能效的同时将使需求侧电力电子化特征更加凸显；电力体制改革持续深化，市场在能源资源配置中的决定性作用充分发挥，实现全要素资源的充分投入和优化配置。

（2）柔性开放是指电网作为消纳高比例新能源的核心枢纽作用更加显著，"跨省区主干电网＋中小型区域电网＋配电网及微电网"的柔性互联形态和数字化调控技术将使电网更加灵活可控，实现新能源按资源禀赋因地制宜广泛接入；储能规模化应用有力提升电力系统调节能力、综合效率和安全保障能力，"新能源＋负荷＋储能"等多元协调开发新模式不断涌现，支撑大规模新能源柔性并网和分布式新能源开放接入。

（3）数字赋能是指新型电力系统将呈现数字与物理系统深度融合特征，以数据作为核心生产要素，打通电源、电网、负荷、储能各环节信息，发电侧（发电厂等）实现"全面可观、精确可测、高度可控"，电网侧（电网企业）形成云端与边缘融合的调控体系，用电侧（用电用户）有效聚合海量可调节资源支撑实时动态响应。

综上所述，各方解读都强调了数字技术在新型电力系统构建中不可或缺的作用，以数据流引领和优化能量流、业务流，使电网具备超强感知能力、智慧决策能力和快速执行能力，是构建新型电力系统的重要手段。

1.2　电网数字化现状与意义

1.2.1　数字化发展形势

新一轮信息技术蓬勃发展，深刻改变着人们的生产生活，有力推进社会发展，推动全球加速进入数字经济时代。国际电信联盟发布的《2020年数字经济展望》指出，为了满足人们及时、安全、可靠地访问国内和跨境数据的需求，各国政府、企业和研究人员在数据方面的全球共享与合作正达到前所未有的水平。

数字化转型驱动世界变革，推动数字经济和产业经济的实体融合，加快建设数字经济、数字社会。据权威研究机构测算，数字化转型正在为全球的企业及其产业链条带来高达 18 万亿美元/年的额外商业价值，数字化的业务规模已占到普通企业总收入的三分之一以上，且仍处于快速增长中。面对突如其来的新冠疫情，以 5G、人工智能、云计算、区块链等为代表的新兴数字技术，有效助力各国统筹抗疫，并推动数字经济迅速发展，全球数字经济增速持续超过经济总体增速，在经济总量中的占比不断增大。2020 年，全球数字经济规模超过 32.9 万亿美元，较疫情前的 2019 年提升 2.6%。与此同时，2021 年，以沉浸式体验、虚拟身份认同、多元化为特征的元宇宙受到广泛关注，成为全球互联网企业和资本争相追逐的目标，是未来重要的全球赛道，为人类社会数字化提供了新的路径。

随着移动支付、移动网络、人脸识别等数字技术的快速普及，我国数据总量呈现爆发式增长，已成为全球数字化大国。2015 年，习近平总书记在第二届世界互联网大会开幕式上首次提出中国正在实施"互联网＋"行动计划，推进"数字中国"建设。2017 年，党的十九大指出，要建设网络强国、数字中国、智慧社会，推动互联网、大数据、人工智能和实体经济深度融合，将"数字中国"建设提升到国家战略的新高度。2021 年《中华人民共和国国民经济和社会发展第十四个五年规划和 2035 年远景目标纲要》中明确提出，迎接数字时代，激活数据要素潜能，推进网络强国建设，加快建设数字经济、数字社会、数字政府，推动构建网络空间命运共同体，以数字化转型整体驱动生产方式、生活方式和治理方式变革。

1.2.2 电网数字化现状

2020 年，国务院国资委组织实施国有企业数字化转型专项行动计划，印发了《关于加快推进国有企业数字化转型工作的通知》，要求加快推进产业数字化转型，明确提出打造能源类企业数字化转型示范，为电网企业数字化转型指明了方向。

电网数字化是适应能源革命和数字革命相融并进趋势的必然选择,以数字技术为电网赋能,促进源网荷储协调互动,推动电网向更加智慧、更加泛在、更加友好的能源互联网升级。国家电网、南方电网等电网企业高度重视数字化工作,积极开展数字化顶层设计工作。

国家电网编制了该公司的"十四五"数字化规划,明确了"十四五"期间国家电网数字化工作的发展架构、目标任务与路径重点。国家电网认为数字化不仅是能源互联网能源网架、信息支撑、价值创造体系建设的内在需求,还将从支撑管理信息化向能源互联网全环节数字化延伸,从服务内部为主向内外并重延伸,需要统筹内外部需求,着力打造数字化赋能工程,赋能电网和公司高质量发展。国家电网提出到"十四五"末,基本建成覆盖能源互联网生产传输、消费交易、互通互济各环节全场景的信息支撑体系,融通能源流和信息流,共筑价值创造体系,并且计划实施"打造新型数字基础设施、打造企业中台、释放数据价值、赋能电网生产、赋能企业经营、赋能客户服务、赋能新兴产业、强化安全防护、强化技术引领、强化运营支撑"10大数字化赋能任务。

2020年,南方电网发布了《数字电网白皮书》,阐述了数字电网背景与定义,提出了数字电网具有物理、技术、价值三大内涵属性,分析了数字电网对企业、社会、生态、国家的价值,旨在携手社会各界共同建设数字电网,以数字电网融通整个能源行业,融入数字经济发展,打造数字电网的生态体系,切实推动能源行业转型升级和经济社会高质量发展。南方电网认为:在技术革命、数字化生存、国家战略、能源革命多重浪潮的叠加之下,身处能源行业核心枢纽地位的电网企业实施数字化转型已是大势所趋,势在必行。电网企业通过数字化转型,将构建覆盖电网全过程与生产全环节的数字孪生电网,提升复杂电网驾驭能力;以数据作为提升生产力的核心要素,释放数据资产价值,推动商业与运营模式转变,实现管理与业务变革;用"电力+算力"推动能源革命和新能源体系建设,构建涵盖政府、能源产业上下游、用户等相关方的能源产业新生态。

1.2.3 数字化促进新型电力系统发展

电网企业高度重视数字技术在企业数字化转型中的创新引领作用，深刻认识到数字技术必将极大促进新型电力系统的发展，具体体现在五个方面：

（1）数字化促进电能消费变革，推动新型电力系统清洁低碳。利用数字技术，推进构建电源、电网、用户及第三方运营商等各类市场主体共同参与的绿电交易平台，引导绿色生产与绿色消费，提高终端电气化水平，推动电力系统清洁低碳。

（2）数字化促进电网安全变革，推动新型电力系统安全可控。利用数字技术，打造覆盖源网荷储各环节信息物理深度融合的数字孪生电网，通过从物理世界到数字空间的完整映射、仿真计算，实现对电力系统的感知、诊断、预测与优化，保障系统运行安全。通过构建覆盖电力生产运行、经营管理及互联网业务的全场景网络安全防护体系，保障电力系统信息安全。

（3）数字化促进电网生产变革，推动新型电力系统灵活高效。利用数字技术，实现对新能源出力、供电负荷的精准预测，构建全景观测、精准控制、主配协同的新型调控系统，提高电源侧新能源高水平消纳能力、电网侧资源优化配置能力、负荷侧需求响应能力，实现电力系统灵活高效。

（4）数字化促进电网运行优化，推动新型电力系统智能友好。利用数字技术，支撑构建具备高承载、高互动、高自愈、高效能特征的多元融合弹性电网，实现对海量分散的发供用对象的智能协调控制，满足高比例分布式电源灵活并网、海量柔性负荷可靠接入需求。

（5）数字化促进能源生态整合，推动新型电力系统开放互动。利用数字技术，推动能源生态系统利益相关方开放共享，驱动能源行业全要素、全产业链、全价值链协同优化、深度互联，充分挖掘数据价值实现用户差异化服务，构建数据共享、价值释放、共存共荣的新型电力系统开放互动生态。

1.3　电力数字空间基本概念

"云大物移智链"等数字化新技术的飞速发展与深度应用正在深刻地改变物理世界的运行模式和社会资源的配置方式，这种改变渗透到人类生活的方方面面，在人类赖以生存的物理世界、社会关系之外形成了一个全新的、虚实相融的世界——数字空间，这一革命性的变革将对各行各业产生深刻影响。其中，能源电力行业"万物智能、万物联网、万物皆数"的趋势愈发明显，在电力物理世界的基础上逐渐产出了一个全新的电力数字空间。

电力数字空间（electric digital space，eDSpace）是以电力数据为载体，以服务新型电力系统为首要目标，融合能源技术与数字技术，映射新型电力系统自然属性与社会属性，具有虚实融合、自驱自治、智能交互、开放包容等基本特征的数字空间。电力数字空间构成如图 1-1 所示。

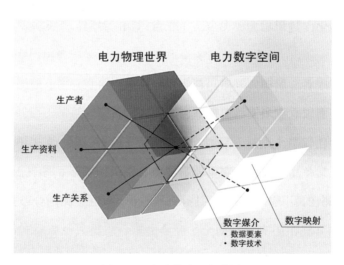

图 1-1　电力数字空间构成

电力数字空间是新型电力系统的重要组成部分，由数字媒介与数字映射组成。数字媒介是电力物理世界与电力数字空间交互的桥梁，具备虚实二象性，包括数据要素、数字技术等。数字映射是电力物理世界生产者、生产资料和生产关系的数字化表达，具备与电力物理世界实时同步、相互作用、协同共生的能力。

（1）虚实融合：电力数字空间基于数字技术，提供沉浸式体验，更清晰、更透彻、更丰富地表达电力物理世界，并与电力物理世界实时联动、相互交融，共同形成一个虚实混合空间。

（2）自驱自治：电力数字空间既遵循电力物理世界基本运行规律，又独立于电力物理世界，通过自主计算推演，预测运行态势，获得演化轨迹，实现自演进、自学习、自进化。

（3）智能交互：电力数字空间基于状态精确感知、态势精准判断，将推演与预测的结果及时反作用于电力物理世界；同时获取电力物理世界新状态，生成新的迭代优化；实现电力数字空间与电力物理世界的双向影响、共同发展。

（4）开放包容：电力数字空间包罗能源数字化上下游全产业链，遵循统一标准机制，多方协同、自由活动、共同打造，推动更多的新型业务模式涌现，实现共享、共融、共赢，创造全新价值。

参考文献

[1] 新华社. 习近平主持召开中央财经委员会第九次会议 [EB/OL]. http://www.gov.cn/xinwen/2021-03/15/content_5593154.htm. 2021.

[2] 辛保安. 加快建设新型电力系统助力实现"双碳"目标 [J]. 国家电网，2021（8）：10-12.

[3] 辛保安. 抢抓数字新基建机遇推动电网数字化转型 [J]. 电力设备管理，2021（2）：17-19.

[4] 辛保安. 为实现"碳达峰、碳中和"目标贡献智慧和力量 [J]. 国家电网，2021（3）：2-3.

[5] 全球能源互联网发展合作组织. 中国2030年前碳达峰研究报告 [R]. 2021.

[6] 国家电网有限公司. 国家电网有限公司构建以新能源为主体的新型电力系统行动方案

（2021—2030 年）［R］. 2021.

［7］中国软件评测中心 . 北京赛迪工业和信息化工程设计中心有限公司 . 数字化转型推动电力能源企业高质量发展白皮书［R］. 2019.

［8］中华人民共和国国务院新闻办公室 . 新时代的中国能源发展［EB/OL］. http：//www. scio. gov. cn/zfbps/32832/Document/1695117/1695117. htm. 2020.

［9］中国南方电网有限责任公司 . 数字电网推动构建以新能源为主体的新型电力系统白皮书［R］. 2021.

［10］全国人大 . 中华人民共和国国民经济和社会发展第十四个五年规划和 2035 年远景目标纲要［M］. 北京：人民出版社，2021.

［11］国务院国资委办公厅 . 关于加快推进国有企业数字化转型工作的通知［EB/OL］. http：//www. sasac. gov. cn/n2588020/n2588072/n2591148/n2591150/c15517908/content. html. 2020.

［12］中国南方电网有限责任公司 . 数字电网白皮书［R］. 2020.

［13］科技日报 . 国家发展改革委首次明确"新基建"范围将加强顶层设计［EB/OL］. http：//scitech. people. com. cn/GB/n1/2020/0422/c432330‐31683496. html. 2020.

［14］中国南方电网有限责任公司 . 南方电网公司建设新型电力系统行动方案（2021—2030 年）白皮书［R］. 2021.

［15］周孝信 . 新一代电力系统与能源互联网［J］. UPS 应用，2019（8）：1‐3.

第2章 新型电力系统数字化需求分析

新型电力系统源网荷储各环节正面临着诸多的新挑战，本章重点围绕电源侧出力预测、电网侧能源接入、负荷侧需求响应、储能侧安全预警等问题，提出对"云大物移智链"等数字技术的总体需求。同时，结合新型电力系统背景下电网调度运行、设备管理、营销客服、经营管理各专业能力提升面临的突出问题，总结提炼各专业对数字技术的需求。

2.1 总 体 需 求

电力系统中高比例新能源接入、高比例电力电子设备配置的"双高"特征逐渐显现，夏季和冬季负荷高峰的"双峰"特点越加凸显，电网功能结构、运行特性发生深刻变化，电力系统源网荷储各环节正在深度调整。

（1）电源侧新能源出力受环境因素影响大，具有间歇性、波动性、随机性等特征，出力预测不准确将影响系统安全稳定运行，需要以敏捷感知、智能分析为基础实现新能源出力精准预测。

在电源侧，新能源场站数量多、布点分散，受地形、气候等影响大，出力预测失准将影响新能源发电计划申报的准确性和电网调度部门发电计划安排的合理性。随着新能源装机和发电量的快速增长，新能源出力预测绝对误差的累积将进一步增加发电计划制定的难度，进而对电力系统电力电量平衡、安全稳定控制、经济高效运行造成困难。因此，需要对电源运行情况、环境状态等进行敏捷感知和智能分析，实现对新能源出力的精准预测，提升电网调度有效性，支撑电网安全、经济、稳定运行。

（2）电网侧将由交流大电网为主向交直流混联大电网、微电网、局部直流电网融合发展转变，电网协调运行难度不断增加，需要以信息高效交互、资源灵活调度为基础提升电网的大范围资源优化配置和互济能力，支撑各类能源设施便捷接入、即插即用。

在电网侧，呈现交直流混联大电网与多种形态电网并存的格局。新能源场站、分布式电源、储能、电动汽车等能源设施从电网不同环节以不同方式接入，电力远距离大规模输送与本地消纳方式共存，将造成电能质量下降、风电光伏反调峰、潮流追踪及网损分析困难等问题，电网协调运行难度不断增加。因此，需要通过源网信息高效交互、电网资源灵活调度等手段，以全局智能决策提升电网大范围资源优化配置和互济能力，用信息流引导能源流在电力生产、消费之间实现双向友好互动。

（3）负荷侧由传统的刚性、纯消费型向柔性、生产与消费兼具型转变，网荷互动能力和需求侧响应能力不断提升，需要以移动互联、数据分析为基础，引导能源的聚合与释放，参与电网综合调控，支撑新能源高效消纳。

在负荷侧，分布式电源、虚拟电厂、电动汽车、储能、智能家居等设施形态、比例增加，部分负荷侧主体兼具发电和用电双重属性，终端负荷特性由传统的刚性、纯消费型，向柔性、生产与消费兼具型转变，网荷互动能力和需求侧响应能力不断提升，系统从单纯依靠电源调度向源荷协同调度转变，但负荷侧可控、可调节资源单体容量小、点多面广、运营主体复杂，难以实现资源聚集、引导和精确调度。因此，需要在全面、实时掌握电网末端电力生产、消费状态的基础上，通过以用户为中心的电力行业移动应用，深度挖掘需求侧资源潜力，分析创造用户数据价值，引导负荷侧资源有效聚合与释放，主动参与电网综合调控，支撑新能源高效消纳。

（4）储能侧电池着火爆炸事故频发，需要以态势感知、数字孪生为基础实现对储能系统多层次全方位状态监测与预警，支撑规模建设储能场站长时间安全稳定运行。

在储能侧，大规模储能电芯串并联存在电池着火爆炸可能性，增加储能系统安全风险，因此需要通过电池态势感知、数字孪生仿真推演，构建多层次全方位状态监测与预警系统，实现储能系统安全隐患可监视、可评估、可预警、可控制、可追溯，支撑储能系统强安全、长寿命、高效率稳定运行，满足不同时间和空间尺度上系统调节和电力存储需求。

（5）系统侧由源随荷动的实时平衡，向源网荷储协调互动的非完全实时平衡转变，需要以可靠通信、智能决策为基础实现各环节互联互通和协同运行，支撑源网荷储友好互动。

从系统整体上看，调度体系在传统电源的基础上增加了新能源、分布式电源、虚拟电厂、储能等多种能源形式，同时多元负荷也参与到调度当中。各类型电源、各电压等级电网、各用电特性负荷在新型电力系统中已经难以脱离其他环节而实现单独的控制和调节；各环节相互配合、相互影响，电网调度对象、时空范围、复杂程度大幅增加，需要通过可靠通信、智能决策等技术，支撑源网荷储各环节之间的协调调度与协同控制，保障新型电力系统高效稳定运行。

2.2　专　业　需　求

2.2.1　调度运行数字化需求

随着新能源高比例接入，电力系统面临安全稳定运行、能源电力资源大范围优化配置等挑战，迫切需要推进"云大物移智链"等先进数字技术与先进调控技术融合发展，推动系统运行管理向数字化、自动化、智能化转变，支撑新型电力系统建设与运行。

（1）源网荷储多元协调控制能力不强，需要利用传感、大数据等技术实现系统全景感知，支撑源网荷储可观可测、协调互动。

对分布式电源、可调节负荷、风光水资源和气象环境灾害数据缺乏必要的采集与分析，难以满足源网荷储协调控制要求，需要利用传感、大数据等数字技术实现源网荷储各环节全景感知，支撑分布式电源功率预测、电网潮流分析与负荷预测等功能。

（2）调度精益化管理能力不足，需要利用信息平台、通信网络数字化基础设施及人工智能等技术服务调度管理。

配电网、用电等数据存在盲区，离线、在线模型参数存在不一致，"配电网一张图"拓扑贯通尚不完善；通信网架存在结构性瓶颈，业务承载能力与容灾防灾能力不足；事前预警、事后分析、检修计划编排、方式调整、运维巡检等智能化程度不足，效率难以提升。因此，需要加强信息平台、通信网络等数字化基础设施建设，加强人工智能技术应用，提升调度精益化管理水平。

（3）二次系统技术装备自主可控程度低，需要加强核心产品自主研发能力，防范供应链"卡脖子"风险。

关键芯片、操作系统、数据库等核心软硬件国产化程度不足，保护、自动化、计量、通信等二次设备面临供应链"卡脖子"风险，需要加强核心产品自主化研发与应用。

2.2.2 设备管理数字化需求

新型电力系统将带来电网发展方式的深刻变化，由以交流大电网为主向交直流混联大电网、微电网、局部直流电网融合发展转变，电网本体安全正在面临着重大挑战。需要融合应用现代数字技术，丰富基层设备管理信息化手段，推动设备智能化升级应用及业务数字化转型，提升电网安全保障能力和设备运维管理质效。

（1）输变电线路、设备监控不足，需要利用智能传感、边缘计算、人工智能等技术实现状态实时监控，支撑设备、线路安全可靠运行。

输电通道防冰、防舞、防（台）风等自然灾害防护能力不足，变电站主设备监控信息覆盖不全，变电站消防、安防、动力环境等辅助设备信息未能实现实时监控，需要加强输变电线路、设备在线监测覆盖率，并应用边缘计算、人工智能等数字技术开展分析、判断、决策，保障设备、线路安全可靠运行。

（2）配电网智慧化水平不足，需要综合应用"云大物移智链"数字技术实现配电物联网建设，支撑配电网绿色、安全、经济、高效运行。

配电网作为分布式电源、柔性负荷、储能大规模接入的重要载体，面临着电能质量恶化、故障率增加、检修安全风险增加等风险，同时由于点多面广导致感知、通信覆盖不全面，存在不可观、不可测、不可控盲区，需要综合应用"云大物移智链"等数字技术，加强配电物联网建设，从"云管边端"四个层面打造智慧配电网，支撑配电网绿色、安全、经济、高效运行。

（3）基层班组数字化程度不足，需要通过移动互联、边缘计算、人工智能等技术支撑数字化班组建设，提高班组工作质效。

基层班组信息化负担重，数据重复录入、多源维护现象大量存在；修试（检修试验）、两票（工作票操作票）作业采用书面填写、系统补录形式，巡检数据无法实时回传，业务难以全流程贯通；现场感知以在线监测技术为主，数据信息直接上传主站，缺陷、异常等信息难以及时反馈到基层班组；状态研判、故障诊断技术准确率有待提升，现场作业缺乏智能化分析工具。因此，需要加强移动互联、边缘计算、人工智能等数字技术研究，推进状态实时感知，深化移动终端应用，强化智能分析支撑，挖掘数据资产价值，提高基层班组工作质效。

2.2.3 营销客服数字化需求

新型电力系统通过分布式电源消纳、电动汽车充电、综合能源服务、新零售等新业态，引导客户以更多元、更多样化的方式参与到能源消费当中。电网企业需要通过数字化手段，充分收集和分析来自客户、产品、市场、行业各方面的数据，挖掘营销服务数据价值，提升企业运营效率，创造新兴业务模式。

（1）终端能源消费电气化水平不足，需要利用大数据、云计算、人工智能等技术引导用电需求和用电方式变革，提升新能源消纳能力和电能使用效率。

"双碳"目标对提升清洁能源消费占比和降低碳排放水平提出更高要求，但目前电能占终端能源消费比重不足三分之一，在工业、建筑、交通等领域电能替代还有巨大的市场潜力及市场空间，需要通过大数据、云计算、人工智能等技术，引导用电需求和用电方式的变革，抑制不合理能源消费，鼓励以电能代替其他能源，推动电网新能源消纳能力和电能使用效率的进一步提升。

（2）需求响应潜力挖掘不足，需要利用大数据、人工智能等技术实现需求侧灵活性资源潜力的充分挖掘，提升电源使用效率效益。

当前的能源消费系统加剧了负荷峰谷差，且难以高效消纳高比例新能源发电，造成新能源电力发展成本较高、效率效益较低等问题，需要应用大数据、人工智能等技术充分挖掘需求侧灵活性资源潜力，实现需求侧可利用资源规模增加，推进智慧能源城市、智慧能源小区、智慧能源家庭建设，提升新能源使用效率和效益。

（3）从"用好电"到"用绿色电"的转变引导不足，需要利用大数据、云计算等技术服务绿电凭证交易，推动绿色能源跨省跨区流动。

绿电交易的充分性、有序性、灵活性不足，绿色用电市场需求潜力未能充分释放，导致新型电力系统下的电力资源配置难以得到进一步优化，电网利用效率难以得到进一步提升，需要通过大数据、云计算等技术，以能源网架为基础构建发电、电网、企业、用户共同参与的多品种绿电交易模式，推动绿色能源跨省跨区流动，促进新能源消纳。

2.2.4　经营管理数字化需求

新型电力系统推动能源与数字深度融合，不仅带来了电网生产方式的巨大变革，同时要求电网经营管理精益化水平进一步提升，需要积极应用现代数字技术，用数据驱动决策、以共享提升价值，实现企业经营提质增效。

（1）人财物等核心资源精益化运营程度不足，需要利用大数据、人工智能、云计算等技术提升人资、财务、物资经营管理水平。

随着电力行业市场化改革，目前电网企业经营过程难以实现全面、精益、实时管控，尚未全面构建具有市场化、透明化、高效率特征的企业运营体系。需要通过大数据、人工智能、云计算等技术，构建企业级人力资源新服务，打造端到端的资金和风险数字化管控模式，深化现代智慧供应链体系，构建"人、端、业务、信息"高效协同的办公生态，实现数字人资、智慧财务、智能物资，赋能企业经营。

（2）各专业资源共享不足，需要利用云平台、企业中台等数字化基础设施支撑各类资源融通，促进业务能力升级、管理水平提升。

目前电网各业务专业性较强，数据、信息、服务等资源难以进行统一建设、管理和使用，造成数据重复抄录、服务贯通不畅、管理沟通困难等问题，需要基于云平台、企业中台等数字化基础设施，持续通过微服务改造，打破业务、服务与资源之间的壁垒，推动资源共享，助力业务融合，促进业务能力升级、管理水平提升。

（3）数据价值挖掘不足，需要利用大数据、人工智能等技术实现数据增值，提供优质高效的数据平台、数据服务。

电网企业已经从电网侧、用户侧等收集到海量的原始数据，但数据存在质量低、组织差、一致性不高、安全性不足等问题，难以为综合能源服务、电力交易、碳交易等新兴业务以及政府、金融、互联网等行业客户提供有效的数据增值服务，电力大数据覆盖范围广、价值密度高、实时准确性强等优势未能得到充分发挥，需要基于大数据、人工智能等数字技术深度挖掘数据价值，为客户提供低成本、优质高效的平台及数据服务。

参考文献

[1] 全球能源互联网发展合作组织. 电力数字智能技术发展与展望［M］. 北京：中国电力出版社，2021.

[2] 郭剑波. 新型电力系统面临的挑战以及有关机制思考［J］. 中国电力企业管理，2021（25）：8－11.

[3] 董旭柱，华祝虎，尚磊，等. 新型配电系统形态特征与技术展望［J］. 高电压技术，2021，47（9）：3021－3035.

[4] 王彩霞，时智勇，梁志峰，等. 新能源为主体电力系统的需求侧资源利用关键技术及展望［J］. 电力系统自动化，2021，45（16）：37－48.

[5] 谭显东，刘俊，徐志成，等. "双碳"目标下"十四五"电力供需形势［J］. 中国电力，2021，54（5）：1－6.

[6] 国网能源研究院有限公司. 能源与电力分析年度报告系列：2020 国内外能源电力企业数字化转型分析报告［M］. 北京：中国电力出版社，2020.

[7] 许洪强，蔡宇，万雄，等. 电网调控大数据平台体系架构及关键技术［J］. 电网技术，2021，45（12）：4798－4807.

[8] 许洪强，姚建国，南贵林，等. 未来电网调度控制系统应用功能的新特征［J］. 电力系统自动化，2018，42（1）：1－7.

[9] 申建建，曹瑞，苏承国，等. 水火风光多源发电调度系统大数据平台架构及关键技术［J］. 中国电机工程学报，2019，39（1）：43－55.

[10] 刘亚东，陈思，丛子涵，等. 电力装备行业数字孪生关键技术与应用展望［J］. 高电压技术，2021，47（5）：1539－1554.

[11] 黄雨涵，丁涛，李雨婷，等. 碳中和背景下能源低碳化技术综述及对新型电力系统发展的启示［J］. 中国电机工程学报，2021，41（zl）：28－51.

[12] 江秀臣，盛戈皞. 电力设备状态大数据分析的研究和应用［J］. 高电压技术，2018，44（4）：1041－1050.

[13] 温柏坚，高伟，彭泽武，等. 大数据运营与管理：数据中心数字化转型之路［M］. 北

京：机械工业出版社，2021.

[14] 国网浙江省电力有限公司. 互联网＋电力营销服务产品运营［M］. 北京：中国电力出版社，2020.

[15] 代红才，汤芳，陈昕，等. 综合能源服务——能源互联网时代的战略选择［M］. 北京：中国电力出版社，2020.

[16] 刘畅，朱靖，胡盼哲，等. 电网企业推进输配电价改革优化经营管理策略［J］. 中国电力企业管理，2020，598（13）：70－71.

[17] 潘小海，梁双，张茗洋. 碳达峰碳中和背景下电力系统安全稳定运行的风险挑战与对策研究［J］. 中国工程咨询，2021，255（8）：37－42.

第3章 电力数字空间总体架构

本章在电力数字空间基本概念基础上，进一步介绍了电力数字空间的功能定位、建设思路，阐述了电力数字空间的应用架构、技术架构，并探讨了电力数字空间演进路径，为电力数字空间建设提供依据。

3.1 电力数字空间功能定位与建设思路

3.1.1 功能定位

电力数字空间以"数"为媒，充分发挥网络空间命运共同体互联互通、共享共治理念，深度融合能量流、信息流、业务流，服务电网数字化转型，赋能新型电力系统建设。

（1）电力数字空间是网络空间命运共同体在电力行业的创新实践。电力数字空间通过加快数字基础设施建设，打造交流共享平台，构建能源网络安全体系，推动了能源数字化创新发展，赋予了电力互联网属性，是网络空间命运共同体在电力行业的创新实践。

（2）电力数字空间是电网数字化转型的重要抓手。电力数字空间具备虚实融合、自驱自治、智能交互、开放包容等特征，可促进电力系统源网荷储协同互动、人财物资源科学高效配置、线上线下智能服务全渠道融通，是电网生产、企业经营、客户服务数字化转型的重要抓手，推动电网创新能力、新兴产业升级。

（3）电力数字空间是新型电力系统的"神经中枢"。电力数字空间具备深度感知、广泛互联、协同分析、态势预判、智慧决策等能力，是新型电力系统发输变配用全环节、源网荷储全场景"感""传""判""控""管"的"神经末梢"与"控制中枢"，保障新型电力系统稳定、可靠、高效、智能运行。

3.1.2　建设思路

以数字技术和数据要素为抓手，按照敏捷组装、智慧融通、精准链接、生态运营的构建思路，打造电力数字空间。

（1）敏捷组装：以快速响应场景化应用需求为导向，建设数字化平台，沉淀、共享共性技术与数据，实现源网荷储数字化应用的灵活搭建、快速延展、低成本试错、敏捷迭代，及时响应新型电力系统的用户需求、市场变化以及新兴技术。

（2）智慧融通：以释放数据价值为目标，加速数据要素资源融通流动，通过数据汇聚、数据管理与数据应用，打通新能源并网、电网运行及消费终端数据接入壁垒，推进源网荷储协同互动。

（3）精准链接：以打造精准服务能力为主线，精细化分析、洞察用户核心需求，构建定制化、精益化的服务体系，针对用户个性化需求快速制定解决方案，精准链接产品与服务。

（4）生态运营：以产业链上下游跨界融合为抓手，推动供应链、产业链、价值链、创新链完善优化，构建能源行业发展共同体、安全共同体、责任共同体、利益共同体，实现数据与技术的共享、互通、交换，共同打造电力数字空间。

3.2 电力数字空间架构

3.2.1 应用架构

充分考虑电源侧可观可测、电网侧能源接入、负荷侧需求响应、储能侧安全预警需求，同时兼顾调度运行、设备管理、营销客服、经营管理等专业能力提升需要，提出涵盖基础设施、智慧中枢、数字主题馆、安全防护、数字生态五个部分的电力数字空间应用架构，如图3-1所示。

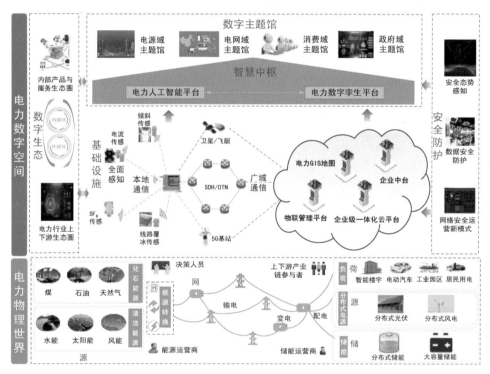

图 3-1 电力数字空间应用架构

1. 电力数字空间基础设施

电力数字空间基础设施包括全景状态感知系统、空天地一体化网络、云雾边一体化算力、数字化基础平台（企业级统一云平台、企业中台）、电力 GIS 地图，通过基础设施建设实现电力物理世界生产者、生产资料、生产关系到数字空间的映射，推动新型电力系统全息感知、互联互通、资源配置及共性服务能力全面提升。电力数字空间基础设施组成如图 3-2 所示。

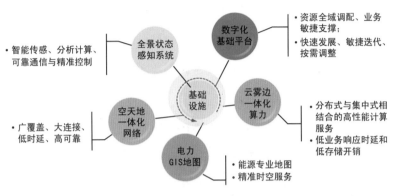

图 3-2　电力数字空间基础设施组成

（1）全景状态感知系统。全景状态感知系统是电力数字空间数据采集基础，是通过智能传感、智能终端及物联管理等新技术应用，支持电力生产、输送、消费与调度全过程异构信息融合、边缘高效计算、海量终端互联的智慧感知体系。针对电力系统感知能力不足导致的不可观、不可测问题，基于传感量测、边缘计算、大并发大连接等关键技术，建设由先进传感器、智能终端、物联管理平台组成的智慧物联基础设施，实现状态全息感知、功能软件定义和数据复用共享，提升新型电力系统源网荷储各环节"透明化"程度。

（2）空天地一体化网络。空天地一体化网络承载着电力数字空间数据的多元流动，是由空基、天基、地基及管控系统构成的立体、多层、异构的一体化宽窄带融合通信网络，赋能源网荷储各环节泛在互联。针对新型电力系统全景全息状态感知、海量终端泛在接入、广域协同调度控制等需求，基于卫星星链、平流层通信、北斗通信、大容量光通信、5G、高速载波通信、场域微功率通信，IPv6及通信管控等先进技术，建设广覆盖、大连接、低时延、高可靠的空天地一体化网络，保障源网荷储各业务环节全天候、全时空互联互通。

（3）云雾边一体化算力。云雾边一体化算力为电力数字空间提供分布式与集中式相结合的高性能计算服务，是以云计算为核心、雾计算和边缘计算为支撑的云边端协同计算基础设施。云雾边一体化算力依托云计算强大的资源能力为各项业务提供计算、存储等服务，依托雾计算与边缘计算降低业务处理的响应时延和存储开销，通过云雾边算力融合，突破多模态信息统一建模、智能计算、云雾边协同等技术瓶颈，充分利用计算资源满足新能源和新型用能设备高并发、高可用的业务需求。

（4）数字化基础平台。数字化基础平台沉淀电力数字空间的数字化业务和技术共性服务，由企业级统一云平台、企业中台所组成。企业级统一云平台是企业上云的基础支撑平台，提供基础设施即服务、平台即服务、软件即服务，支持在线研发测试、集成仿真、生产发布全流程闭环管理，提升基础资源总体利用效率。企业中台是企业级能力共享平台，提供企业级数据服务、基础公共服务及共享服务能力，实现能力跨业务复用、数据全局共享及能力整合，赋能业务发展和管理创新。

（5）电力 GIS 地图。电力 GIS 地图为电力数字空间提供精准时空服务，通过将新型电力系统的设备、线路、场站、用户、负荷等能源资源信息与气象、水文、地质等自然环境信息相融合，共同形成电力数字化综合信息系统，为生产运行、经营管理等电网专业部门，以及政府、第三方能源服务商、个人等提供基于数字时空地图的信息增值服务。

2. 电力数字空间智慧中枢

电力数字空间智慧中枢包括电力人工智能平台及电力数字孪生平台，通过平台智慧能力提供具有前瞻性的态势判断和运行决策，实现电网全景全息可视、态势实时感知、故障智能诊断、趋势分析预测、辅助智慧决策，保证电网资源优化配置与高效运行。电力数字空间智慧中枢组成如图 3-3 所示。

（1）电力人工智能平台。电力人工智能是人工智能相关理论、技术和方法与

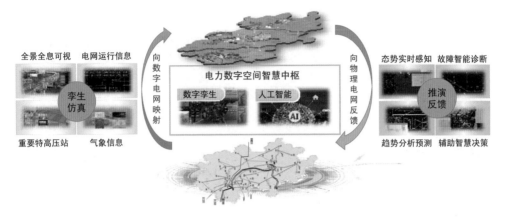

图 3-3　电力数字空间智慧中枢组成

电力系统物理规律、技术与知识融合创新形成的专用人工智能。电力人工智能平台涵盖电力专用样本库、模型库、训练平台、运行平台、服务门户等能力组件，为人工智能样本数据采集、处理标注、模型训练、能力开放、应用服务、云边端协同等提供全链条支撑服务。

（2）电力数字孪生平台。电力数字孪生是将电力物理实体以数字化方式映射至数字空间，通过在数字空间模拟物理实体行为特征，实现电力系统监测、诊断、预测及优化的技术。电力数字孪生平台涵盖数据处理中心、模型构建中心、仿真分析中心、模拟推演中心、应用设计中心等能力组件，为电力数字空间的映射数据处理、模型构建融合、数据仿真分析、态势模拟推演、场景设计渲染、业务应用服务等提供全方位支撑服务。

3. 电力数字空间数字主题馆

电力数字空间数字主题馆是调度运行、设备管理、营销客服、经营管理等业务数字化场景的立体展示场所，包括电源域主题馆、电网域主题馆、消费域主题馆、政府域主题馆等，如图 3-4 所示。

（1）电源域主题馆涵盖电源规划、建设、运行等全链条数字化应用，例如高比例分布式光伏接入应用、光伏场站数字化服务应用等。

图 3-4 电力数字空间数字主题馆组成

（2）电网域主题馆涵盖电网规划、调度、运行、检修、营销等一体化数字化应用，以及源网荷储协同应用，例如输电线路密集通道监测、面向区域自治的配电网优化调控、面向园区微电网的数字孪生、电网规划运行平台、数字化班组移动巡检、应急指挥、智慧供应链、智慧后勤等。

（3）消费域主题馆涵盖综合能源、客户服务等数字化应用，例如面向园区微电网自治的综合能源服务、虚拟电厂、能源互联网营销服务系统、客户服务移动应用、储能云网等。

（4）政府域主题馆充分运用电力数字空间产品及应用支撑政府监管、治理、决策，例如碳监测/碳计量与碳评价应用、绿色电力交易、能源大数据中心等。

4. 电力数字空间安全防护

电力数字空间安全防护体系依托安全态势感知、数据安全防护、网络安全运营新模式等，打造情报态势分析、实时监测响应、防御联动处置、攻击渗透检查、实战对抗演练等安全核心业务应用，形成贯穿全业务环节、全应用场景的一体化信息安全防护体系，提升新型电力系统抵御恶意攻击的能力与数据安全服务能力，支撑源网荷储全环节高效安全交互。

5. 电力数字空间数字生态

电力数字空间数字生态立足能源，以电网为枢纽，以构建新型电力系统数字化产业链为抓手，凝聚行业上下游发展合力，联合高校、社会力量培育电力数字空间生态文化，打造开放共享共建共赢的内外部"双循环"数字经济生态圈，培育数字新业务、新业态、新模式，推动数字产业发展。

3.2.2　技术架构

从芯片传感、通信网络、先进计算、分析决策、信息安全 5 大维度提出电力数字空间技术架构，如图 3-5 所示。

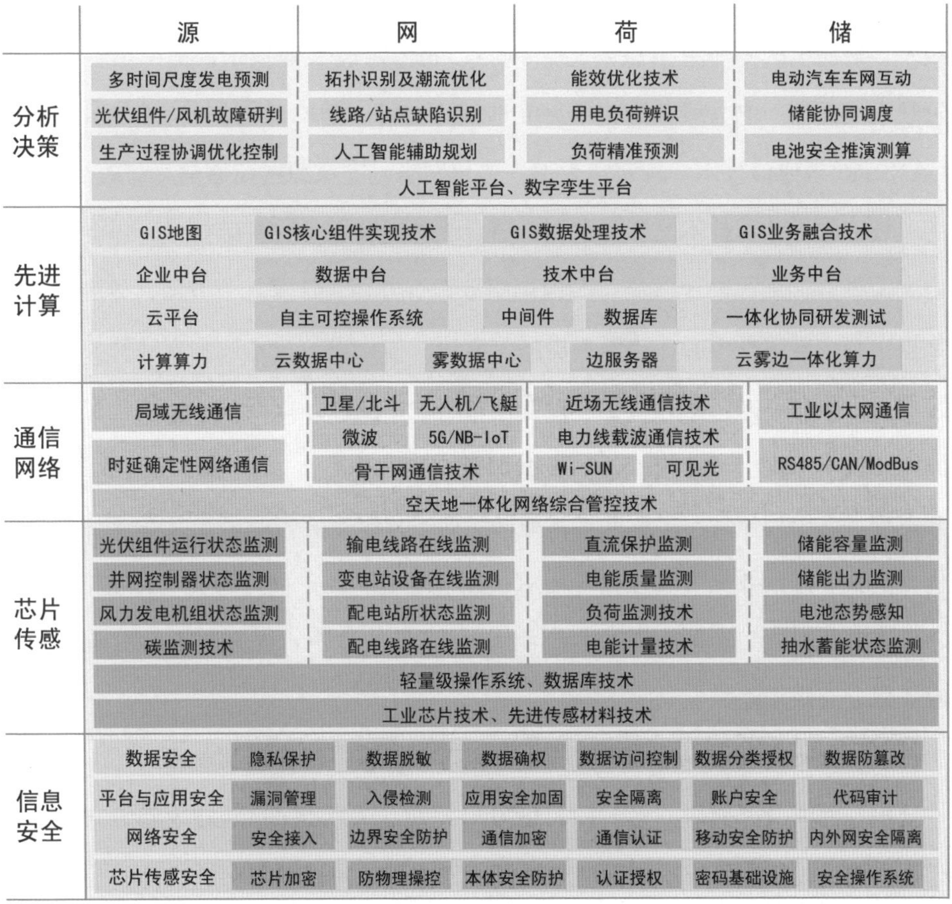

	源	网	荷	储
分析决策	多时间尺度发电预测 光伏组件/风机故障研判 生产过程协调优化控制	拓扑识别及潮流优化 线路/站点缺陷识别 人工智能辅助规划	能效优化技术 用电负荷辨识 负荷精准预测	电动汽车车网互动 储能协同调度 电池安全推演测算
	人工智能平台、数字孪生平台			
先进计算	GIS地图 企业中台 云平台 计算算力	GIS核心组件实现技术 数据中台 自主可控操作系统　中间件　数据库 云数据中心　雾数据中心　边服务器	GIS数据处理技术 技术中台	GIS业务融合技术 业务中台 一体化协同研发测试 云雾边一体化算力
通信网络	局域无线通信 时延确定性网络通信	卫星/北斗　无人机/飞艇 微波　5G/NB-IoT 骨干网通信技术	近场无线通信技术 电力线载波通信技术 Wi-SUN　可见光	工业以太网通信 RS485/CAN/ModBus
	空天地一体化网络综合管控技术			
芯片传感	光伏组件运行状态监测 并网控制器状态监测 风力发电机组状态监测 碳监测技术	输电线路在线监测 变电站设备在线监测 配电站所状态监测 配电线路在线监测	直流保护监测 电能质量监测 负荷监测技术 电能计量技术	储能容量监测 储能出力监测 电池态势感知 抽水蓄能状态监测
	轻量级操作系统、数据库技术			
	工业芯片技术、先进传感材料技术			
信息安全	数据安全　隐私保护 平台与应用安全　漏洞管理 网络安全　安全接入 芯片传感安全　芯片加密	数据脱敏　数据确权 入侵检测　应用安全加固 边界安全防护　通信加密 防物理操控　本体安全防护	数据访问控制　数据分类授权 安全隔离　账户安全 通信认证　移动安全防护 认证授权　密码基础设施	数据防篡改 代码审计 内外网安全隔离 安全操作系统

图 3-5　新型电力系统数字技术架构

（1）芯片传感技术是实现新型电力系统全景数据采集的关键技术。在工业芯片、传感与量测等数字技术基础上，面向电源侧研究碳监测、光伏组件运行状态监测、并网控制器运行状态监测等技术；面向电网侧研究输电线路、变电站、配电房监测等技术；面向负荷侧研究直流保护监测、电能质量监测、负荷监测、电能计量等技术；面向储能侧研究容量监测、出力监测、态势感知等技术。此外，研究工业芯片技术、先进传感材料技术、轻量级操作系统及数据库技术等共性技术，支撑源网荷储高效感知与量测。

（2）通信网络技术是实现新型电力系统信息交互的支撑技术。在 5G、卫星、光纤等数字技术基础上，面向电源侧研究局域无线通信、时延确定性网络通信等技术；面向电网侧研究卫星、北斗、5G、光传输通信等技术；面向负荷侧研究近场无线通信、电力线载波、可见光通信等技术；面向储能侧研究工业以太网、CAN 总线等通信技术，构建空天地一体化网络，支撑源网荷储信息高效传输。

（3）先进计算技术是实现数据价值及提供运营服务的基础技术，包含计算算力、云平台、企业中台以及 GIS 地图服务四个方面。计算算力方面，研究基于云数据中心、雾数据中心、边服务器的云雾边一体化算力技术，实现计算资源高效应用；云平台方面，研究自主可控操作系统、中间件、数据库、一体化协同研发测试等技术，提供企业级统一云平台服务；企业中台方面，通过构建数据中台、技术中台、业务中台，形成共性贯通的企业中台服务能力，满足各专业计算资源优化配置、海量数据可靠存储等需求；GIS 地图服务方面，研究 GIS 核心组件、GIS 数据处理、GIS 业务融合技术，构建能源专业地图，提升电力 GIS 地图公共服务及专业应用能力。

（4）分析决策技术是实现智能生产运行、智慧经营管理及友好对外服务的核心技术。面向电源侧研究多时间尺度发电预测、光伏组件/风机故障研判、生产过程协调优化控制等技术；面向电网侧研究电网拓扑识别与潮流优化、输变电线路/站点缺陷识别、人工智能辅助规划等技术；在负荷侧研究能源优化、用电负荷辨识、负荷精准预测等技术；在储能侧研究电动汽车车网互动、储能协同调度、电池安全仿真推演等技术。同时，面向源网荷储各环节，研究基于人工智能平台技术及数字孪生平台技术，满足各专业数据价值挖掘与管理提质增效等需求。

（5）信息安全技术是实现新型电力系统数字化应用安全可信的保障技术。在数据安全方面，研究隐私保护、数据脱敏、数据确权、数据访问控制、数据分类授权、数据防篡改等技术；在平台与应用安全方面，研究漏洞管理、入侵检测、应用安全加固、安全隔离、账户安全、代码审计等技术；在网络安全方面，研究安全接入、边界安全防护、通信加密、通信认证、移动安全防护、内外网安全隔离等技术；在芯片传感安全方面，研究芯片加密、防物理操控、本体安全防护、认证授权、密码基础设施、安全操作系统等技术。通过构建全场景网络安全防御体系，服务源网荷储各环节信息安全可信交互。

3.3 电力数字空间演进路径

经过多年发展，电力企业已基本建立满足自身生产、管理需求的信息化系统，为数字化转型发展奠定了坚实基础。电力数字空间不是一蹴而就的大拆大建，而是立足于现有信息化成果的螺旋式迭代发展，逐步实现由信息化向网络化、智能化的转变，并最终演进到具有虚实融合、自驱自治、智能交互、开放包容特征的电力数字空间。充分考虑业务需求、技术水平、建设成本，电力数字空间的演进可分为三个阶段。

1. 电力数字空间第一阶段

依托电力企业现有数字化成果，通过初步搭建数字基础设施、智慧中枢、数字主题馆，实现电力企业内外部、各专业信息的统一采集、接入、管控、共享与应用；数据管理规范高效，数据价值得到一定释放，数据成为企业可持续发展的动力引擎，驱动企业生产、客户服务、经营管理等内外部业务应用。该阶段核心是"数字基建"，信息化高度完备，但网络化、智能化程度尚不充分，基本实现电力物理世界到电力数字空间的映射。

2. 电力数字空间第二阶段

基于第一阶段成果，进一步加强人工智能平台、数字孪生平台等智慧中枢的建设，在全景感知的基础上实现推演预测、分析决策，提升源网荷储互动能力、企业决策支撑能力；数字主题馆快速发展，多元化、互动化、个性化服务能力大幅提升。该阶段核心是"数字大脑"，网络化、智能化程度高度发达，全面实现电力物理世界到电力数字空间的映射，初步形成电力数字空间与电力物理世界的行为同步、沙盘推演、趋势预测，以及以用户为中心的智慧化数字架构体系。

3. 电力数字空间第三阶段

基于第二阶段成果，进一步加强智慧中枢能力、互操作能力与数字生态体系的建设，全面实现电力数字空间与电力物理世界行为同步、沙盘推演、趋势预测，具备高度智慧化的自学习、自调节、自治及互动能力。电力数字空间3.0技术、市场、机制、生态等全面建成，赋能新型电力系统科学规划、有序建设、精益运行、高效维护与优质服务。该阶段核心是"数字生态"，通过数字-物理-价值的深度融合，带动上下游及内外部企业协同发展，为国家数字经济发展注入强劲动力。

电力数字空间演进阶段见表3-1。

表3-1 电力数字空间演进阶段

项目	电力数字空间第一阶段	电力数字空间第二阶段	电力数字空间第三阶段
主要特征	从信息化向网络化、智能化转变，三者同时存在、相互支撑	高度网络化、智能化，初步形成以用户为中心的智慧化数字架构体系	高度智慧化，数字、物理、价值深度融合

续表

项目	电力数字空间第一阶段	电力数字空间第二阶段	电力数字空间第三阶段
关键能力	通过基础设施建设，初步实现电力物理世界生产者、生产资料、生产关系到数字空间的映射	通过智慧中枢建设，初步实现电力数字空间与电力物理世界的行为同步、沙盘推演、趋势预测	智慧中枢与互操作能力持续升华，全面实现电力数字空间与电力物理世界的行为同步、沙盘推演、趋势预测与实时互动
创新应用	企业内部应用为主，外部应用取得突破	外部应用快速发展，内外部应用并重	形成开放共享的生态，推动数字经济创新发展

参考文献

[1] 严太山，程浩忠，曾平良，等. 能源互联网体系架构及关键技术 [J]. 电网技术，2016，40 (1)：105 - 113.

[2] 董朝阳，赵俊华，文福拴，等. 从智能电网到能源互联网：基本概念与研究框架 [J]. 电力系统自动化，2014，38 (15)：1 - 11.

[3] 曾鸣，杨雍琦，刘敦楠，等. 能源互联网"源-网-荷-储"协调优化运营模式及关键技术 [J]. 电网技术，2016，40 (1)：114 - 124.

[4] 李芳，程如烟. 主要国家数字空间治理实践及中国应对建议 [J]. 全球科技经济瞭望，2020，35 (6)：32 - 40.

[5] 米加宁，章昌平，李大宇，等. "数字空间"政府及其研究纲领——第四次工业革命引致的政府形态变革 [J]. 公共管理学报，2020，17 (1)：1 - 17＋168.

[6] Zhukovskiy Y, Malov D. Concept of smart cyberspace for smart grid implementation [C]. Journal of Physics：Conference Series. IOP Publishing，2018，1015 (4)：042067.

[7] Kabalci E, Kabalci Y. Introduction to smart grid architecture [M]. Smart grids and their communication systems. Springer，Singapore，2019：3 - 45.

[8] Ghasempour A. Internet of things in smart grid：architecture, applications, services, key technologies, and challenges [J]. Inventions，2019，4 (1)：22.

[9] Mo Y, Kim T H J, Brancik K, et al. Cyber - physical security of a smart grid infrastructure [J]. Proceedings of the IEEE，2011，100 (1)：195 - 209.

[10] Monostori L，Kádár B，Bauernhansl T，et al. Cyber - physical systems in manufacturing

［J］. Cirp Annals，2016，65（2）：621-641.

［11］Zanero S. Cyber-physical systems ［J］. Computer，2017，50（4）：14-16.

［12］Panda D K，Das S. Smart grid architecture model for control，optimization and data ana-lytics of future power networks with more renewable energy ［J］. Journal of Cleaner Pro-duction，2021：126877.

［13］Ourahou M，Ayrir W，Hassouni B E L，et al. Review on smart grid control and reliability in presence of renewable energies：Challenges and prospects ［J］. Mathematics and com-puters in simulation，2020，167：19-31.

第4章 电力数字空间关键技术

本章在电力数字空间总体架构基础上，从芯片传感、通信网络、先进计算、分析决策、信息安全五个维度出发，介绍电力数字空间关键技术，包括技术特点、发展现状、技术展望等。

4.1 芯片传感技术

4.1.1 工业芯片技术

1. 工业芯片技术概述

芯片一般按温度适应能力及可靠性要求，大致分为四类：商业级（0～70℃）、工业级（－40～85℃）、车规级（－40～120℃）、军工级（－55～150℃）。芯片可靠性指标的严苛程度和温度要求超过商业级别，符合工业级应用即为工业芯片。工业芯片具体应用的工业场景包括工厂自动化与控制系统、电机驱动、照明、仪器仪表测试和测量、能源电力等传统工业领域，以及医疗电子、汽车、工业运输、楼宇自动化、显示器及数字标签、数字视频监控、气候监控、智能仪表、光伏逆变器、智慧城市等。

工业芯片按照工业信号的感知、传输、处理等流程可分为计算及控制类芯片、通信类芯片、模拟类芯片（放大器、时钟和定时器、数据转换器、接口和隔离芯片、功率、电源管理、电机驱动等）、存储芯片、传感芯片及安全芯片六大类。工业芯片对于国民经济和社会发展具有基础性、战略性和先导性作用，工业芯片的研发和制造水平是衡量一个国家整体制造业竞争力的真正试金石，受到高度关注。

2. 工业芯片技术发展现状

目前全球工业芯片市场由欧美日等国的巨头企业占据垄断地位，其整体水平和市场影响力领先优势明显。在全球前 50 大工业芯片厂商中，美国企业数量达到 21 家，占有 60% 市场份额，并且在工业处理器及可编程逻辑门阵列（field programmable gate array，FPGA）、工业模拟芯片、工业数字信号处理芯片、工业存储芯片、工业通信及射频芯片等高端领域占有超过 80% 的垄断优势。欧洲的英飞凌、恩智浦、意法半导体三家企业在工业用功率器件、传感芯片方面占据引领地位，且正在不断加大在工业应用领域的投入力度。韩国三星凭借在存储芯片上的优势跻身全球工业芯片前五，日本瑞萨是工业用控制器的霸主，日本索尼则是工业摄像头芯片和机器视觉芯片的全球领先者。

国内工业芯片厂商有北京智芯微电子有限公司、北京兆易创新科技股份有限公司、华大半导体有限公司、深圳市海思半导体有限公司等，在中低端市场具备较强竞争力，在功率半导体等产品线、电力和高铁等个别应用领域已经具备一定的国产替代能力。例如国内金属-氧化物半导体场效应晶体管（metal-oxide-semiconductor field-effect transistor，MOSFET）和绝缘栅双极型晶体管（insulated gate bipolar transistor，IGBT）等功率器件在高铁和地铁、电动车和充电桩、变频家电和变频空调、节能设备以及市政管网建设等领域已经有了一定突破性应用。但总体而言，目前国内工业芯片市场长期被国际巨头企业占据的局面没有根本性改变，能源电力、轨道交通、汽车电子、医疗电子等关键工业领域芯片自主化率仍不足 10%，高端工业计算类芯片如 FPGA、高精度数模转换器

（analog to digital converter，ADC）、多相高效电源管理芯片、通信射频等中高端工业芯片国产化率低于 1%。

在电力应用领域方面，目前国际上面向电力系统的特性或场景进行集成电路器件的定制研究相对较少，通常依靠通用集成电路器件的优化技术对电力系统所出现的实际问题进行解决。但未来新型电力系统发展所带来的与传统能源电力行业不同的多类需求无法靠单一的通用芯片解决，针对具体场景进行功能的软硬件定制及性能优化是解决电力发展与通用芯片矛盾的有效方案。目前北京智芯微电子有限公司、南方电网数字电网研究院与多个高校研究团队合作进行工业芯片的设计研发与封装测试，以实现电力方向工业芯片的自主可控，主要包括工业芯片能耗优化、电力射频芯片定制、芯片级电磁兼容、集成电路时钟同步等研究。

3. 工业芯片关键技术

（1）高可靠保障技术。芯片可靠性是指规定条件和规定时间内芯片符合性能要求的能力。工业芯片的高可靠性主要包括抗电磁干扰（electromagnetic interference，EMI）、抗静电放电（electro‐static discharge，ESD）、散热技术，其中抗 EMI 技术主要有源头抑制、传播抑制和电磁兼容等；抗 ESD 技术主要有避免 ESD 发生、ESD 保护器件和 ESD 防护布局设计；工业芯片在运行时环境的温度场与复杂电力运行环境的耦合造成高温度场问题需要依托于集成电路的散热技术解决。

（2）低功耗技术。工业现场环境复杂、取电困难，需要芯片具备较强的低功耗特性。工业芯片低功耗主要从多区域电源设计、频率与时序设计、布局布线设计等方面考虑。其中，多区域电源设计通过电源网络优化，为芯片各模块提供独立的电源，保证各模块按需供电，从而降低整体功耗；频率与时序技术通过按需配置各模块工作频率、通信时序，从而实现功耗优化；布局布线设计基于对各模块功能性能分析，通过芯片整体合理布局降低功耗。

（3）软硬件定制化技术。工业芯片的软硬件定制技术主要分为以下两个方面：一是硬件知识产权（intellectual property，IP）的定制，即通过芯片的设计、封装、测试及流片将电力系统通用算法固化至硬件层面；二是基于软件算法层面的定制，即将适应不同业务需求下的软件算法搭载在具备可编程能力的芯片上。

4. 工业芯片技术展望

（1）多物理场分析技术。多物理场分析技术是研究工业芯片在不同运行环境下所存在的电场、磁场、温度场、流体场和力场等各物理场综合作用下的运行机理，此过程中涉及跨时间/空间尺度和不同物质形态之间的相互作用的问题。利用有限元技术对芯片级的多物理场进行分析，对芯片的内部走线、片上系统的封装提供多物理耦合视角下的设计参考，通过建立多物理场耦合模型，为探索工业芯片失效机理、提高可靠性、优化封装设计提供更大的可能，对提高工业芯片的抗干扰性、高可靠性具有重要作用。

（2）软件定义芯片技术。软件定义芯片是一种新兴的工业芯片设计方法学，其目标是通过灵活的芯片架构设计支持功能的软件定义。相关的研究工作如空间计算结构、动态可重构结构、高层次综合等一直是计算机体系结构、固态电路和电子设计自动化等领域的热点。对具有动态重构、粗粒度计算、软件定义硬件等特点的新型可重构可编程器件技术的探索已经在国内外展开，并已经成为各大芯片设计企业必争的研究方向。

（3）检测验证标准化。我国工业芯片长期依赖国际供应链，产线上各种接口和操作标准都是由国外厂商定义。建立统一的标准体系对工业芯片进行指导，提供良好测试工具与验证方法，完善国内工业芯片企业在技术性能、质量保障、规模量产的一致性，从而促进行业和市场推动工业芯片的国产化进程，实现工业芯片可靠性、安全性的技术迭代。2021年由北京智芯微电子有限公司牵头成立的中国电力企业联合会电力集成电路标准化技术委员会是我国电力行业首个集成电路检测标准化组织，对提高电力行业芯片检测验证标准化水平具有积极意义。

4.1.2 传感器技术

1. 传感器技术概述

传感器技术是从自然信源获取信息并对获取的信息进行处理、变换、识别的一门多学科交叉的现代科学与工程技术，是设备、装备和系统感知外界环境信息的主要来源。

传感器技术研究传感器的材料、设计、工艺、性能和应用，涉及物理、数学、化学、材料学等多学科，具有基础面广、技术密集度高、产品规格多、应用分散等特点。

（1）基础面广。传感器的发展依附于敏感机理、敏感材料、制备工艺、工艺设备、检测技术、市场应用六大基石。敏感机理千差万别，敏感材料多种多样，工艺技术层出不穷，工艺设备各有特点，检测技术不断发展，市场应用复杂多变，导致传感器技术对物理、化学、材料、工艺等基础学科的依赖度高。

（2）技术密集度高。传感器涉及多学科、多技术，尤其是智能传感器还涉及集成电路（intergrated circuit，IC）技术、计算机技术、无线通信技术等，而这些技术都在高速的发展和完善中，导致技术投入、产业投入更新换代快。

（3）产品规格多。传感器产品门类和品种规格繁多，据不完全统计有12大类、42小类、6000多品种、20000多种规格。差异化的规格需求导致传感器技术研究难点高、投入高。

（4）应用分散。传感器应用行业、应用场景广泛，部署于各应用系统的末端，呈现"点多面广"的特点。复杂的应用环境与高昂的维护成本成为传感器推广的"瓶颈"，导致传感器对低功耗、高可靠、长寿命等技术的需求度较高。

2. 传感器技术发展现状

世界各国高度重视传感器技术的发展，美国大力推进"再工业化"与"制造业回归"，将大数据、人工智能与新型传感器技术紧密结合，充分发挥感知的价值；德国在"工业4.0"计划中将传感器技术定位为推动工业生产方式变革的核心技术之一，在智能传感器研发上取得了很大成绩；日本提出"超智能社会5.0"建设计划，希望通过传感器与人工智能、机器人的结合，逐步解决人口老化、劳动力短缺等社会问题。

我国虽然已基本形成传感器研究、生产、应用的产业体系，但在传感器核心工艺、封装测试、可靠性设计等方面尚存在较大差距，面临"卡脖子"风险。在中华人民共和国工业和信息化部指导下，成立了由600多家会员组成的中国传感器与物联网产业联盟，致力于在汽车电子、网络通信、工业制造、消费电子、健康医疗等领域重点突破，补齐设计、制造关键环节短板，推动我国传感器产业向中高端升级。

传感器在电力行业有着广泛应用，是能源互联网的感知神经末梢，是电力调度、保护测控、在线监测等业务的数据基础，经过多年发展，电力传感器已具备了相对良好的技术储备，形成了较为完备的系列产品，包括电气量、状态量、物理量、环境量、空间量等不同种类。

（1）电气量：包括对设备本体及辅助系统不同幅值与频率的电流量、电压量、电场量、磁场量、功率量等进行监测，是电力系统最主要的监测信息。依据电气量，可以实时监测各类带电设备运行状态或对故障进行定位。

（2）状态量：包括对各种装置的运行状态进行监测，如开关的开合闸、风机叶片位置、输电线路的覆冰与舞动等。通过对状态量的监测，可以实时感知设备的各种状态指示标识，实现对设备正常运行的实时反馈与非正常状态的实时预警。

（3）物理量：包括设备本体的振动、位移、转速、倾斜、倾角、压力、特殊气体等参量监测。全面监测设备部件及附件运行情况、老化程度，精确定位故障区域及故障元件，提高设备使用效率。

（4）环境量：包括对设备所在周边环境的风速、温度、湿度、气压、水位、烟雾、辐照度等参量进行监测。设备在运行过程中不可避免地会受到周边环境影响，通过布置环境量传感器，可以监测影响设备运行的环境因素。

（5）空间量：包括地理位置信息监测，为设备本体及辅助系统各种监测参数赋予地理空间属性。通过布置空间量采集传感器，实时监测测量点的空间位移，通过分析历史数据，及时、准确地监测设备所在位置的地质形变，并及时发布灾害预警。

3. 传感器关键技术

（1）先进传感技术。传统传感器往往受感知机理限制，如热电偶、电磁式互感器等，在体积、成本、功耗、分辨率、温漂、动态特性、稳定性、线性度、重复性、迟滞性等方面，存在固有的瓶颈，且多为有源、有线传感器，增加了传感器运行维护成本。先进传感技术是指基于新型功能材料、先进传感机理的传感技术，包含液态金属传感技术、基于分子红外光谱原理的绝缘油气体分解产物测量技术、基于光纤法珀干涉仪原理的局部放电监测技术、基于磁阻效应的极微弱电流的高精度测量技术等。

（2）微机电系统传感器加工技术。随着新技术发展，微机电系统（micro electro mechanical system，MEMS）工艺已成为传感器制备的主要方式之一。MEMS工艺是下至纳米尺度、上至毫米尺度的微结构加工工艺，制作的传感器具备体积小、精度高、重量轻、灵敏度高、可靠性强、能耗低、制造成本低等优势。MEMS传感器关键技术涉及MEMS工艺各环节，包括MEMS设计、光刻、外延、薄膜淀积、氧化、扩散、注入、溅射、蒸镀、刻蚀、划片和封装技术等。

（3）多源异构传感节点信息建模技术。由于传感器种类繁多以及各传感器的标识、语义、数据表达格式、通信接口等信息各样，导致传感器更换需配置相应的应用软件参数，且软件开发复杂度高，应建立电力传感网统一信息模型，统一编码标识、统一语义、统一数据表达格式等。多源异构传感节点信息建模涉及模型裁剪与扩展技术、模型映射与转换技术、模型校验技术等，通过屏蔽设备、协议和数据结构的差异性，实现传感设备快捷、安全接入。

（4）传感安全技术。随着电力系统发电、输电、变电、配电、用电各环节大量传感器的部署，原本相对封闭、专业和安全的电力系统不断开放，一旦利用感知末梢节点的脆弱性进行信息窃取、虚假注入、病毒植入等攻击，存在安全威胁从传感器向整个电力系统扩展的风险。传感安全技术包括通信抗干扰技术、密码技术、超轻量级安全加密技术、轻量化数据脱敏技术等，通过传感安全技术的广泛应用，从源头保障电力系统的数据安全。

4. 传感器技术展望

随着传感器技术在电力领域的不断深化应用，新型化、微型化、集成化、智能化、网络化、无源化成为电力传感器技术发展的新趋势。

（1）新型化。随着新原理、新效应、新技术的突破，各类新型传感器层出不穷并发挥巨大作用。例如，利用纳米技术制作的纳米传感器，与传统传感器相比具有尺寸小、精度高、性能佳等特点；利用量子效应研制的量子传感器具有响应速度高、低耗、高效、高集成度等特点。

（2）微型化。随着 MEMS 技术、IC 技术、激光技术等制备工艺的进步，以及新机理、新材料、新结构的应用，传感器敏感元件的特征尺寸已从毫米级降到微米级，甚至降至纳米级，进一步促进传感器微型化与多传感器集成应用。

（3）集成化。将不同功能的传感器、信号调节电路、微处理器集成在一个芯片上形成超大规模集成化的高级智能传感器已成为新的发展趋势。集成传感器具有校准、补偿、自诊断和网络通信的功能，可降低制造成本。

（4）智能化。传感器技术和智能化技术的结合，将使传感器由单一功能、单一监测对象向多功能和多变量监测发展，兼有监测、判断、信息处理及存储功能，具有数据通信接口，能与微型计算机直接通信，使传感器由被动信号转换向主动感知控制方向发展。

（5）网络化。随着传感技术与通信技术的结合，以嵌入式微处理器为核心，集成了传感器、信号处理器和网络接口的新一代网络化传感器已成为发展趋势。

每一个网络化传感器节点都是一个可以进行快速运算的微型计算机，将传感器收集到的信息转换成为数字信号，进行编码，然后通过节点与节点之间的有线或无线网络发送给具有更大处理能力的服务器。

（6）无源化。随着电磁感应取电、激光取电、温差取电等新型传感器充电技术的成熟，各类无源传感器逐渐投入应用，突破了传统传感器因取电难而导致的应用受限瓶颈，为各行各业所青睐，未来将得到飞速发展。

4.1.3　传感电气集成技术

1. 传感电气集成技术概述

一次设备是指直接生产、输送、分配电能的高压电气设备，包括变压器、断路器、隔离开关、母线、电力电缆等。一次设备及其运维检修的智能化是传统电网向能源互联网转型升级的难题之一，海量传感器广泛部署是实现一次设备及其运维检修智能化的重要手段。受制于一次设备高电位、强电场的运行环境，传感器安装、运行、维护都面临较大困难。

因此，通过传感器与一次设备的一体化设计、一体化试验、一体化交付，攻克传感器与一次设备在物理结构、机械性能、电气性能等方面集成融合关键技术，提高一次设备自感知、自诊断及可管可控能力，是数字技术与传统电网融合的典范，是未来重要的技术方向之一。

2. 传感电气集成发展现状

欧、美、日等国家受现代信息化新技术及环境保护政策驱动，积极开展智能电网建设，在传感电气集成方面起步较早、发展较快。法国施耐德、瑞士 ABB、德国西门子、日本三菱等跨国企业已经开展了传感电气集成关键技术研究和设备研制，较早实现了传感器与一次设备集成设计。国内一次设备智能化的研究与应用尚处于初步探索阶段，在传感器与设备本体的一体化设计制造方面具备一定基础，还未能形成深度融合。

在输电领域，通过环境量、电气量等传感器与输电线路间隔棒、绝缘子吊

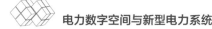

环、避雷器的集成设计与制造，提高了输电线路一次设备的智能化水平；在变电领域，通过将油中溶解气体在线监测、油中微水在线监测、套管绝缘在线监测、局部放电在线监测、温度负荷在线监测等各自独立传感单元的有机集成，实现对变压器主要部件的有效监控；在配电领域，配电设备一、二次融合取得了较大突破，通过电流传感器、电压互感器、电缆测温传感器等典型传感器与配电柱上开关、环网柜等设备融合，形成了柱上开关，环网柜一、二次设备融合技术方案，检测规范，实现了规模化应用。

3. 传感电气集成关键技术

（1）强干扰环境的电磁防护技术。电力系统本身是一个强大的干扰源，在正常和异常运行状态时均易产生多种电磁干扰，传感电气集成设备工作在工频强电磁场环境中，如果设备电磁防护措施不当，工频电磁场感应的高电压、高电流会严重影响电路的正常工作，甚至烧毁感知电路板元器件。电磁干扰通常通过设备各个端口，以共模形式进入装置的内部。传感电气集成设备电磁兼容性和抗干扰能力提升关键包括：在关键器件选型方面，选择精度高、温漂小、工作温度范围宽等可靠性高的工业级芯片；在电路设计方面，增加滤波器抑制干扰，优化内部电子元器件、电源线、地线、信号线布局，降低内部耦合干扰；在接地设计方面，良好的接地可以最大程度抑制设备内部耦合干扰，同时减弱外部电磁干扰的侵袭；在屏蔽设计方面，采用良导体外壳进行静电屏蔽、高导磁率外壳进行磁屏蔽等。

（2）强电磁环境微弱信号检测技术。强电磁环境下传感电气集成设备信号检测面临三方面的难题：一是感知对象本体信号较微弱，例如 SF_6 气体泄漏的度量级是微升每升（μL/L），避雷器、绝缘子漏电流度量级是微安（μA），高压电气设备的局部放电度量级是皮库（pC）；二是强电磁环境带来的白噪声、瞬变等干扰信号较强，导致有效信号通常淹没在噪声信号中；三是传感器微弱信号处理电路在信号转换、放大、滤波过程中，采用的电子元器件本身会引入噪声，进一步加剧微弱信号检测难度。传感电气集成设备微弱信号检测从两方面入手：一是信号检测电路处理环节采用合适器件、放大电路、接地措施等抑制干扰；二是数字信号处理环节采用合适的算法提取有效信号。

（3）传感器长寿命及可靠性设计技术。传感电气集成设备中传感器和电气设备存在寿命不匹配问题，一方面，在强电场、强磁场及高温、高湿等复杂工况和极端应用环境中运行，会加速传感器元器件老化；另一方面，传感器元器件固有运行周期远低于一次设备的寿命。传感器长寿命设计基于可靠性工程技术，针对可靠性薄弱环节，通过采用系统分析方法、选用可靠性等级更高的元器件、强化印制电路板设计、环境适应性设计、冗余设计、优化电气设备结构设计、设备自检与自愈等手段满足应用中的可靠性、长寿命要求。

（4）微源取能技术。传感电气集成设备正常工作的前提是稳定的电源供应，面临两大难题：一方面由于节点数量多、分布区域广、部署环境复杂，传感器难以通过更换电池的方式来补充能源；另一方面，由于传感器密闭于一次带电设备内，很难从设备外部直接向传感器供电。微源取能技术包括电磁、振动、光照、热电等取能技术，就地利用环境中电磁、振动、光照、温差等多能源互补获取能量并高效储存供给使用，并结合高压交变电场位移电流取能技术、柔性温差发电技术、多压电薄膜并串联等先进取能技术，进一步提升取能效率，可以解决复杂电力环境下传感设备能量获取难题，实现传感电气集成设备中传感器电源的自给自足。

4. 传感电气集成技术展望

随着数字技术及加工制造技术的发展，高可靠、智能化、标准化是传感电气集成技术及设备的主要发展方向。

（1）高可靠。高可靠指深入分析主要一次设备的结构特点，从传感元器件选型、高可靠取电、抗电磁干扰、设计加工工艺等方面出发，优化设备状态传感器与本体一体化融合的可靠性设计，以适应雷电、山火、覆冰、地质灾害等典型恶劣环境下的可靠性运行要求。

（2）智能化。智能化一方面指研究基于光、电、化学等多种物理效应，更能准确反映设备运行状态，具有高灵敏度、高稳定性、高可靠性、高寿命的新型感知元件，在保障一次设备可靠性、稳定性、轻量化的基础上，提升一次设备数字化水平；另一方面指利用多元传感器数据进行设备运行状态综合评估，实现对设备正常、异常、故障等状态的实时监测与诊断，优化就地控制策略，提升设备本质状态自感知、自诊断、自控制能力。

（3）标准化。标准化指提出智能一次设备设计制造、安装、运维、测试等环节的标准化建议，制订典型技术方案，以标准化为前提，采用模块化设计，将一定数量的元器件、组件制成具备特定功能的系列标准模块，在不影响一次设备性能的前提下尽量保持同类型设备结构的一致性，提高同类设备、模块之间的互换性，降低设备制造成本、运维成本。

4.2 通信网络技术

4.2.1 骨干网通信技术

骨干传输网是电力通信网中核心网络的基础设施之一，包含省际、省级、地市（含县域）三级架构，主要采用同步数字体系（synchronous digital hierarchy，SDH）、分组传输网（packet transport network，PTN）、光传输网络（optical transport network，OTN）等光纤通信技术，以及软件定义网络（software defined network，SDN）等网络管控技术，对于支撑电力通信网络向宽带化、智能化、高可靠发展具有举足轻重的作用。

1. SDH

SDH 是一套可进行同步信息传输、复用、分插、交叉连接的标准化数字信号结构等级体系，在光纤等传输媒质上进行同步信号传送，具备统一的接口规程，提高了网络的稳定性、兼容性和可靠性；网络运行灵活、安全、可靠，网络功能齐全多样，能够实现不同层次和各种拓扑结构的网络；网管功能强大，网络管理统一。主要特点如下：

（1）网络节点和传输设备的接口统一。对于不同功能特点的不同网络节点接口，对信号的速率等级、帧结构、线路接口、复接方式、监控管理等方面进行统一的规范，使得 SDH 实现了多厂商环境下的互操作，具有良好的横向兼容性。

（2）全面前向及后向兼容能力。以 1.554Mbit/s 和 2.048Mbit/s 为基群的各系列数字信号都可以装入相应的容器，然后被复接到 155.520Mbit/s SDH 的同步传输模块信息帧结构中的净负荷区内，使其具有向准同步数字体系（plesio-chronous digital hierarchy，PDH）兼容的特性。同时，155.520Mbit/s 和 622.080Mbit/s 信号又与异步转移模式的用户环路信元速率保持一致，使其具有支撑宽带业务的前向兼容特性。

（3）灵活的上下话路和动态组网技术。SDH 具有矩形块状帧结构，使得低速率的支路在帧中均匀且有规律地分布，能够从信息传输过程中的高速率信号一次性直接插出较低速率的信号，分插的同时不会影响到其他支路的信号。SDH 同步和灵活的复用方式简化了数字交叉连接功能的实现过程，增强了网络的自愈功能，用户可以根据新业务引入的需求进行动态组网。

（4）充分的比特开销。在 SDH 帧结构中，通过丰富的比特开销来传输网管信息，实现了网络操作管理与维护能力的大幅提升。同时，通过在 SDH 的控制通路中嵌入控制字，可以将部分网络管理能力分配到智能化网元，如数字交叉连接设备（digital cross connect，DXC）、分插复用器（add drop multiplexer，ADM）等，实现分布式管理，并利于开发新特性及新功能。

（5）网络同步。在 SDH 网络中通过主同步方式，采用一系列分级时钟使每一级时钟与其上一级时钟保持同步，实现网络中各个节点与主时钟保持高精度、高稳定性同步。这样，各个网络单元在基准时钟下工作，减少了频率调整，改善

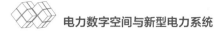

了网络性能。

SDH 网络由网元设备及光纤连接而成，在不考虑网元设备具体功能的前提下，网络拓扑结构直接影响网络的信道利用率、经济性、可靠性等。SDH 网络的基本拓扑结构包括总线拓扑结构、星型拓扑结构、树型拓扑结构、环型拓扑结构、网状拓扑结构等。

2. PTN

PTN 是以弹性的网际互连协议（internet protocol，IP）数据报文为最小传输单元，大小多种颗粒度业务综合统一承载并高效传输的光传输网络技术，针对分组业务流量的突发性和统计复用传送要求，以数据分组交换功能为核心组件提供多种业务支持，不但增强了业务控制平面独立性，还提高了数据流量传输效率，拓展了网络有效带宽，并能够实现设备与设备、设备与网络等各种不同组件的灵活连接和控制。PTN 具备丰富且完善的数据保护性能、时间同步性及恢复机制，并继承了 SDH 技术的操作、管理和维护机制，网管系统通过对连接信道的建立、设置和控制，实现不同业务服务质量的区分和保证，以及提供灵活的服务级别协议（service level agreement，SLA），实现多种业务功能支持与管理。PTN 主要具有以下特点：

（1）PTN 较大幅度地提升了网络管理能力，实现了各类业务在网管上的快速部署，并且强大的服务质量能力为不同级别的业务提供相对应的高效可靠传输服务保障。

（2）PTN 通过高精度时钟同步技术摆脱了对全球定位系统等导航卫星授时系统的依赖，消除了消息传送过程中出现的相位误差。

（3）PTN 针对部分业务传输实时性强、突发性高的特点，能够很好地对链路状态进行监测，并按需合理分配电网络带宽，其高效复用的特性在一定程度上提高了系统资源的利用率，有效降低了网络总体使用成本。

3. OTN

OTN 是以波分复用技术为基础、在光层组织网络的传输网。OTN 通过

G.872、G.709、G.798 等一系列规范的数字传送体系和光传送体系来解决多业务传送平台（multi-service transport platform，MSTP）传输颗粒小、速率低的问题，同时解决传统波分复用网络业务调度能力差、网络交叉性能差、组网及保护能力弱等问题。OTN 处理的基本对象是波长级业务，由于结合了光域（模拟传输）和电域（数字传输）处理的优势，可以提供巨大的传送容量、完全透明的端到端连接。OTN 包括光层和电层两层架构，主要特点如下：

（1）容量可扩展性较强，能够提供从低传输速率到高传输速率的多层交叉，并且在交叉颗粒上没有限制。

（2）OTN 定义的异步映射光通道数据单元，保证了业务的透明传输。

（3）OTN 的帧具备前向纠错码（forward error correction，FEC）算法，可以带来编码增益，提高误码性能，降低光信噪比容限，从而提升了光传输的跨距。

（4）消除全网同步限制，相对于 MSTP 采用的同步传输机制，OTN 采用异步传输机制，不需整个网络实现同步，这样可以简化传输网络的设计，进一步降低建网的成本。

OTN 技术适合大颗粒业务传输并且提供 2.5G、10G、40G 等接入端口，能够实现电网业务通信距离的提升，增强电力通信系统运维能力，在已有设备上提高光纤复用度就能够灵活满足业务数据传输带宽增长的需求。然而，随着新型电力系统的建设和发展，骨干网承载大颗粒业务的同时，也正在面临传输业务种类愈加丰富、业务数据大小颗粒度相差度增大等问题。这导致 OTN 无法高效承载小颗粒业务，也无法对多类型业务行统一地分组承载，进而导致传输成本的增加。

分组增强型 OTN 基于统一分组交换平台，以 OTN 的多业务映射复用和大管道传送调度为基础，引入分组交换和处理功能，使得分组增强型 OTN 能够在不同的网络场景下，实现电信级分组业务的高效灵活承载。分组增强型 OTN 主要具备以下优点：

（1）通过分组增强 OTN 实现 PTN 和 OTN 在核心、汇聚层融合组网，实现分组业务高效承载、组网保护协调、时间同步传递、统一网管等功能性能。OTN 和 PTN 融合设备能够提升网络运维管理能力，减少设备总功耗，降低网络综合运行成本。

（2）分组增强型 OTN 既兼容了专线业务所需的 SDH 处理功能，又为不断增加的专线及专网业务提供了分组传送与汇聚功能，提供了物理隔离、大带宽、低时延、高品质专线业务的服务等级协议保障。

（3）对 IP 承载网和 OTN 实现联合组网路由规划及优化，在分组增强 OTN 的层一或层二中实现中转业务分流，可以解决核心路由器扩容及成本问题，降低核心路由器巨大的扩容、处理、复杂度、功耗等压力。

综上，分组增强型 OTN 目前主要定位于骨干传送网和城域核心层应用，随着对网络带宽、容量、差异化承载等需求的不断提升，应用场景将逐步向城域汇聚层延伸。

4. SDN

SDN 实现数据传输的硬件设备和网络控制管理软件解耦，提供单独的数据传输面和网络控制面，使得网络硬件可以集中式软件管理和可编程化。SDN 模型架构分为基础设施层、控制层和应用层，不同的平面实现不同的功能，平面之间通过接口相互通信交互数据。其中，数据层和控制层之间的交互通道为南向接口，控制层和应用层之间的交互通道为北向接口。SDN 模型架构三层的基本功能如下：

（1）基础设施层：主要包含支持 Openflow 协议的底层网络转发设备，主要功能是在控制层下发指令的控制下，对网络数据进行转发。区别于控制与转发一体化的传统网络设备，SDN 基础设施层网络设备不具备控制功能，控制信息都是由控制层统一下发。同时，Openflow 交换机转发规则多样，相比于传统 IP 路由器能够支持更加灵活的匹配。

（2）控制层：由若干 SDN 控制器相互连接构成，通过编程的方式实现对网络路由、丢包、数据流转发的控制，并管理整个网络。控制层北向为应用层提供丰富的应用程序接口（application program interface，API），使得在应用层通过编程实现网络资源和网络结构的动态调整；控制层南向为基础设施层提供标准统一的 Openflow 接口，实现控制器和网络转发设备之间的网络信息交互。SDN 控制器为控制层的主要网络设备，是 SDN 控制层的核心，实现对整个网络的管理、监控、控制等重要功能。单台 SDN 控制器无法支持大规模网络，因此常采用分布式技术构建控制器集群，由多台控制器互相协作来使得网络可靠性、实时性、可扩展性等有效提升。

（3）应用层：主要包括各种 SDN 网络应用程序，为用户提供开放的可编程窗口。用户可以根据业务需要自定义网络程序，并通过控制层提供的 API 接口对网络进行控制。

SDN 具有以下优势：

（1）支持高度化的集中控制。支持高度化的集中控制指 SDN 网络设备只负责单一的业务转发，SDN 控制器直接管理物理网络设备，节省了传统网络通过信令进行设备管理的资源开销。同时，SDN 控制器给全网设备或者传输路径上的网络设备下发指令或路由策略时，采取一次性流表下发，区别于传统网络逐条选择，有效降低网络设备处理时间。

（2）分离转发控制功能。分离转发控制功能通过将网络设备的转发和控制解耦，简化了交换机功能，通过标准化接口协议提高设备的互联互通性能，降低了设备的生产成本及数量。SDN 控制转发分离有助于自动配置全局网络设备，提高网络的灵活性。

（3）提供可编程接口。SDN 向用户提供了可编程的网络接口，用户可以利用通用的网络协议和数据传输格式向 SDN 控制器下达应用服务逻辑指令、获取网络状态信息，便于用户实现定制化网络服务。

5. 骨干网通信技术展望

随着新型电力系统的建设，海量电力业务并发接入，需要通信网络在骨干层具备强大的承载能力和坚强的网架结构，在接入层具备广泛、灵活的边缘接入能力。整体来看，骨干网通信将向高可靠、大容量、灵活智能的方向演进。

（1）高可靠。通过大数据、深度学习等手段提升通信网故障诊断和告警预测能力，全面增强通信网络生存及业务恢复能力。利用网络信息感知、软件定义网络等技术，骨干通信网将从传统分布式控制模式向集中控制架构演进，提升统一网络规划和协同控制能力，提高通信网络运维管控的可靠性与灵活性。

（2）大容量。随着视频等大带宽电力业务的快速增长，数据的采集量、采集范围大幅增加，对通信网络带宽和容量提出了更高的要求。SDH 和 10G OTN 系统面临着资源愈发紧张的问题，骨干网通信将向以 100G、超 100G OTN 为基础的大容量、多业务接入平台演进。

（3）灵活智能。骨干通信网根据电力业务对通信网络性能和服务质量的要求，可灵活选择通信方式、通信宽带、频谱资源等配置，以实现通信资源的高效利用。

4.2.2　终端通信接入技术

终端通信接入网是电力系统骨干网的延伸，是电力通信网的重要组成部分，实现终端与业务系统（或数据中心、企业中台等）之间的信息交互，具有业务承载和信息传送功能。其中，末端业务终端（如传感器、表计、电动汽车充电桩等）主要实现状态感知、数据采集、动作执行等功能，上行与边缘汇聚终端或电力骨干通信网通信；边缘汇聚终端（如集中器、边缘物联代理装置、输电线路状态监测代理等）主要实现信息汇聚、边缘计算等功能，也可具备末端业务终端的部分或全部功能，下行与末端业务终端通信，上行与电力骨干网通信。

终端通信接入网分为远程通信接入网和本地通信接入网两部分。远程通信接入网指末端业务终端或边缘汇聚终端直接与骨干通信网连接的通信接入网络，通信方式包括光纤专网、无线蜂窝通信专网、无线蜂窝通信公网、中压电力线载波、卫星等；本地通信接入网指末端业务终端与边缘汇聚终端连接的通信接入网络，通信方式包括短距离无线、低功耗长距离无线、近场通信、低压电力线载波、本地以太网、串行通信等。

1. 远程通信技术

（1）以太网无源光网络。以太网无源光网络（ethernet passive optical network，EPON）是无源光网络技术中的一种，在物理层采用无源光网络技术，在数据链路层采用以太网通信协议，形成点到多点的网络结构。EPON 最大传输距离支持 20km，提供上下行对称的 1.25Gbit/s 传输速率。EPON 的上行传输时延小于 1.5ms，下行传输时延小于 1ms。EPON 通信传输距离长，组网方式灵活，通信速率高、带宽高、抗电磁干扰能力强，适用于大带宽需求、高可靠低时延类业务，如配电自动化"三遥"、精准负荷控制、继电保护等。

（2）工业以太网。工业以太网是基于光纤通信技术的数据传输网络，集光通信、以太网接入、异步数据传输于一体，是在以太网和 TCP/IP 技术的基础上的一种工业用通信网络。工业以太网技术与商业以太网（即 IEEE802.3 标准）兼容，但能够满足工业控制现场的需要，能够在电磁干扰、高温和机械负载等极端条件下工作，广泛应用于工业控制领域。工业以太网最大传输距离支持 20km，单个端口带宽接近 100/1000M。环网组网时，环上各个节点共享 100/1000M 带宽，单台交换机的时延小于 0.5ms，可支持接入很大的终端量。

（3）4G 无线公网。3GPP 设立长期演进（long-term evolution，LTE）标准化项目自 2005 年初正式启动，于 2008 年 12 月完成了 LTE 第一个版本的技术规范（Rel. 8）。之后，3GPP 在通过 Rel. 9 对 LTE 标准进行局部增强后，于 2009 年启动了向 LTE-Advanced（以下简称 LTE-A）演进的研究和标准化工作，并相继完成了 Rel. 10、Rel. 11 和 Rel. 12 版本，以实现更高的峰值速率和更大的系统容量。2010 年，我国提交的 TD‐LTE 的演进版本 TD‐LTE‐A 和 LTE‐A FDD 被接受为 4G 国际标准。

LTE‐A 关键技术包括了载波聚合、增强多天线、多点协作传输、中继、下行控制信道增强、物联网优化、热点增强等技术，提高了无线通信系统的峰值数据速率、峰值频谱效率、小区平均谱效率、小区边界用户性能，同时也提高了整个网络的组网效率。

（4）5G 无线公网。5G 支持增强移动宽带、海量连接/大规模机器类通信和低时延高可靠连接三大场景，相比 4G 技术具备以下重要特点：一是更高速率，5G 峰值速率增长数十倍，从 4G 单基站的最大 100Mbit/s 提高到最大 20Gbit/s，每个用户则至少获得 100Mbit/s 速率；二是更多连接，国际电信联盟（International Telecommunication Union，ITU）定义的 5G 物联网连接数支持每平方千米百万连接。三是更低时延，ITU 定义 5G 端到端时延可低至 1ms。

5G 还具备网络切片、多接入边缘计算等新特性。网络切片方面，5G 将所需的网络资源灵活动态地在全网进行分配及能力释放，将物理网络通过虚拟化技术分割为多个相互独立的虚拟网络切片，通过动态的网络功能编排形成完整的实例化的网络架构。多接入边缘计算方面，是指靠近物或数据源头的网络边缘侧，通过将网络、计算、存储等核心能力向网络边缘迁移，使应用、服务和内容可以实现本地化、近距离、分布式部署，有效提升移动网络的智能化水平，促进网络和业务的深度融合。

5G 无线公网在电力系统的应用，可分为三大方面：超大带宽类应用，如 4K 高清视频监控及无人机巡检等；高可靠低时延类应用，适用于对通信时延及可靠性要求较高的控制类电力业务，如配电网差动保护、精准负荷控制等；海量连接类应用，适用于电网中传感器数据采集等应用，如用电信息采集等。

（5）电力无线专网。电力无线专网是专门为电网业务提供的广域无线通信网络，相对于运营商面向大众普通用户提供的无线通信网络，具有定制化的安全保障策略、差异化的可靠传输机制、按需部署的覆盖及组网方案、快速精准的故障定位能力等特征。目前，电力无线专网主要基于 4G 和 5G 技术。基于 4G 技术的电力无线专网，工作频段覆盖 230MHz 电力授权频段（223.025～235.000MHz）和 1800MHz 频段（1785～1805MHz），主要以 LTE 及 NB‑IoT 技术体制为基础，其中 230MHz 电力无线专网在电力授权频段内采用离散载波聚合及动态频谱共享等技术，形成宽带通信资源以满足电力业务应用。基于 5G 技术的电力无线专网，可通过与运营商共建共享实现不同层级的物理或虚拟专网，基于 5G 切片、移动边缘计算（mobile edge computing，MEC）、能力开放等技术，以及频谱、基站、核心网等资源，实现逻辑或物理隔离的电力专网通信网络。

（6）卫星星链通信。卫星星链通信利用卫星之间的通信链路，将多颗卫星进行互联，实现卫星之间的信息传输和交换，形成一个以卫星作为交换节点的空间通信网络。通过卫星星链，能够让卫星移动通信系统较少地依赖地基通信网络实现路由的灵活选择和网络管理，具有广域分布、灵活接入、快速重构等特性，并具备极强的抗毁伤能力。

通过在近地轨道部署大量小卫星建立星链，能够脱离地基通信网络独立组网提供通信服务，解决地面移动蜂窝网的漫游问题，为海上风电厂、沙漠光伏电站、飞机航班、邮轮货船等用户提供互联网接入服务，进一步扩大了通信系统及互联网覆盖范围，为全球民众、商业、机构、政府等提供全覆盖、高带宽、低延迟的互联网接入及通信服务。

（7）平流层通信。平流层高空平台一般是位于平流层中长驻空、准静止的无人驾驶飞艇或无人机。利用平流层稳定的气象条件，携带有效载荷，提供通信、广播、地面遥感等全方位信息服务。多个平流层高空平台在空中形成空基网络，通信范围能够覆盖全国甚至全球。平流层通信系统具有如下优势：与地基通信系统相比，能够覆盖更大的区域，平台覆盖半径可达数百千米，且不受地面地形、建筑、障碍物、地震灾害等影响；与天基卫星通信系统相比，通信时延短、信号自由空间衰耗少，有利于实现通信终端的小型化、宽带化和对称双工无线接入；平流层通信平台还具有高机动性、可回收等特性，可以快速移动并建立区域通信网络。

2. 本地通信技术

（1）电力线载波通信。电力线载波通信（power line communication，PLC）是指利用电力线作为媒体实现数据传输的一种通信技术。由于电力线是最普及、覆盖范围最广的一种物理媒体，利用电力线传输数据信息，可以降低运营成本、减少构建通信网络的支出。电力线通信按使用的频率和速率，通常分为窄带电力线通信和宽带电力线通信。

窄带载波通信使用 9～500kHz 的电力线频谱资源，由于使用的调制技术的不同，通信速率也差别较大，根据通信速率可分为窄带低速载波和窄带高速载波技术。窄带低速载波速率通常在 1kbit/s 以下，窄带高速载波速率通常在 1～100kbit/s。

宽带载波通信使用 2～50MHz 的电力线频谱资源，根据通信速率可分为宽带中速载波和宽带高速载波技术，宽带中速载波速率通常在 1～10Mbit/s，主要使用 2～12MHz 电力线频谱资源。宽带高速载波速率通常在 200M～1Gbit/s，使用 2～50MHz 电力线频谱资源。

（2）无线保真技术。无线保真技术（wireless fidelity，Wi‐Fi）底层采用 IEEE 802.11 标准规范，为星形网络，有着高宽带、广覆盖、密接入、易穿透、高稳定、易兼容等特点，被广泛应用到社会的各个领域之中。随着 IEEE 802.11 系列标准的发展和演进，Wi‐Fi 网络的性能也在稳步提高。2019 年新推出的 802.11ax（又称 Wi‐Fi6），与之前的 Wi‐Fi 系列标准相比，采用了多用户多入多出和正交频分多址技术，并提高了正交幅度调制（quadrature amplitude modulation，QAM）调制的阶数，使得速度和容量都得到进一步的提升。

Wi‐Fi 技术无需专用核心网即可支持数据、语音和视频业务传输，系统简单、造价低、部署方便，但由于协议开放且加密方式简单，其安全性相对较差。无线局域网鉴别和保密基础结构（wlan authentication and privacy Infrastructure，WAPI）是由中国自主创新的一种无线局域网安全协议，弥补了 Wi－Fi 在网络架构和协议设计方面的缺陷和漏洞，安全性较高，标准体系完善，产业链成熟，是中国无线局域网强制性标准中的安全机制。

（3）低功耗蓝牙。低功耗蓝牙（bluetooth low energy，BLE）技术由蓝牙技术联盟于 2016 年推出，即蓝牙 5.0，作为一种小范围无线连接技术，能在设备间实现方便快捷、灵活安全、低成本、低功耗的数据通信和语音通信。低功耗蓝牙技术设计了"深度休眠"状态来替换传统蓝牙的空闲状态，睡眠功耗比传统蓝牙技术低了一个数量级，旨在用于医疗保险、运动健身、信标、安防、家庭娱乐、工业控制等领域的新兴应用，以及诸如输电、变电在线监测无线传感器、智能穿戴设备等取能受限的场景。相对于传统的蓝牙技术，低功耗蓝牙的特点是传输速率低（每秒几百千字节）、设备入网速度快（<10ms）、接入数量多（>1000 个用户）和超低功耗（<10dBm），可在成倍提升接入设备数量的同时，显著降低功耗和成本。

（4）紫蜂（ZigBee）。ZigBee 采用 IEEE 802.15.4 标准，工作在 2.4GHz 非授权频段，采用多跳自组网的方式，网络健壮性强，适用于传输数据量小、监测点多、要求低设备成本、取能受限、设备体积小不便放置较大充电电池的场景。

ZigBee 工作在 2400～2483.5MHz 频段，物理层通信速率小于 250kbit/s，单跳通信距离小于 300m。ZigBee 采用空闲信道评估、动态信道选择、频率快变等技术提高抗同频干扰能力，通过周期性监听和定时唤醒的方式实现低功耗，同时也导致了较大的时延，通常为秒级。ZigBee 提供了三级安全模式，包括无安全设定、使用接入控制清单防止非法获取数据以及采用高级加密标准（AES－128）的对称密码，以灵活确定其安全属性。ZigBee 网络拓扑结构为 Mesh 网，由一个主节点管理若干子节点，最多一个主节点可管理 254 个子节点；同时主节点还可由上一层网络节点管理，最多理论上可组成 65535 个节点的大网。

（5）远距离无线电（long range radio，LoRa）。LoRa 是由美国 Semtech 公司推出的一种基于扩频技术的低功耗窄带远距离通信技术，工作于非授权频段，带宽较窄，覆盖深度大，适用于大量、窄带、低功耗、对时延不敏感的小颗粒物联网终端业务接入。考虑到电池供电的场合，LoRa 终端节点一般是休眠状态，当有数据要发送时才进行唤醒，然后进行数据发送，以降低对电池电量的消耗。

LoRa 本身是一种物理层的调制技术，上层可遵循低功耗广域网（low‑power wide‑area networking protocol，LoRaWAN）协议、中国 LoRa 应用联盟（China LoRa Application Alliance，CLAA）协议、LoRa 私有网络协议和 LoRa 数据透传协议。LoRa 链路预算高达 168dB，抗衰减和干扰能力非常强，在城市环境中单跳通信距离可达 3km，在郊区环境中单跳通信距离大于 10km，最大物理层通信速率约为 37.5kbit/s，可接入通信节点个数大于 10000。

（6）无线智能泛在网络。无线智能泛在网络（wireless smart ubiquitous net-work，Wi‑SUN）技术是基于 IEEE 802.15.4g、IEEE 802 和 IETF IPv6 标准的开放规范。Wi‑SUN 技术具备互操作性、广泛性与可扩展性、安全性等关键特性，具有低功耗、长远距离传输能力。Wi‑SUN 的 Mesh 网状网络协议，能够实现设备与相邻设备之间的通信，进而使得网络中的设备数据可以进行远距离的跳转传输。Wi‑SUN 技术广泛应用在家庭局域网络（home area network，HAN）和户外局域网络（field area network，FAN）等领域，包括智能电表及家庭智能能源管理控制器、智慧电网、智慧路灯、智能交通信号、公共交通标志、智能停车场、电动汽车充电站等。

（7）能源计量低功耗微功率无线。用于电、水、气、热等能源计量系统，采集器通信单元或电表通信单元与低功耗通信单元（水、气、热表通信单元）之间数据交换。能源计量低功耗微功率无线符合 T/CEC 122.42—2016《电、水、气、热能源计量管理系统　第 4－2 部分：低功耗微功率无线通信协议》标准，工作于计量频段 490～495MHz，调制方式主要采用频移键控，信道带宽小于 50kHz，物理层通信速率为 5kbit/s，天线辐射功率不大于 50mW，支持信道能量检测和免冲突载波侦听多址接入机制。典型网络拓扑为星型网络结构，中心节点与子节点为点对点通信无需中继。能源计量低功耗微功率无线具备快速休眠和唤醒机制，适用于采用电池供电的能源计量表计。

3. 终端通信接入技术展望

随着新型电力系统建设的不断深入，源网荷储各环节末端设备及业务接入量将呈现爆发式增长，以分布式电源、电动汽车充电、综合能源服务等为代表的新兴业务需要通信接入网具备快速、灵活、高效的通信支撑能力。终端通信接入网将向技术融合、灵活接入、异构组网的方向演进。

（1）多种通信方式融合。随着通信技术的不断发展，用户业务类型和数量不断增长，市场需求不断变化，网络互相融合成为终端通信接入网的发展方向。多种通信技术融合，能够发挥不同网络的性能优势，弥补各自不足，为客户提供更优质的通信服务。

（2）终端业务灵活接入。源网荷储等终端分布广泛、部署环境各异、业务类型多样，5G、电力无线专网、电力线载波、微功率无线等终端接入网通信技术将向便捷接入、灵活扩展、按需配置的技术方向发展，以满足不同业务对通信网络覆盖面积、时延、速率、安全性、成本等方面的需求，为用户提供最优接入网络方案。

（3）通信网络异构组网。针对终端接入部分特殊通信环境需求，单一通信模式难以保证新型电力系统末端业务信息的有效传输，需要结合有线与无线、专网与公网、天基与地基等多种通信方式实现异构组网，针对不同业务场景，部署不同通信网络，为端到端的通信链路提供优质通信保障。

4.3 先进计算技术

4.3.1 云计算技术

1. 云计算概述

云计算是基于分布式计算、网络计算、并行计算等技术发展而来的一种新型计算模式，利用虚拟化技术，将各种硬件资源（如计算资源、存储资源和网络资源）虚拟化，以按需使用、按使用量付费的方式向用户提供高度可扩展的弹性计算服务。云计算按服务资源可分为基础设施即服务（infrastructure as a service，IaaS）、平台即服务（platform as a service，PaaS）和软件即服务（software as a service，SaaS）。

（1）基础设施即服务是指云计算数据中心为用户提供计算、存储、网络等硬件资源。基础设施即服务的服务范围不仅是单一服务器，也可以是整个基础设施，这些基础设施通过封装成服务的形式向用户开放，用户可按照自身需求使用、管理和控制这些基础设施资源。此外，用户还可以在这些基础设施资源上定义应用环境、安装操作系统、部署应用软件等，并支付相应的资源使用费用，在使用结束后随时释放资源。

（2）平台即服务是指云计算数据中心可以为用户提供部署软件的接口、工具、平台、环境等服务，包括开发平台、应用服务的运行环境以及底层基础设施的管理和控制功能。用户可以通过 Web 等方式直接在云计算平台上编写应用程序，也可以将用户程序部署到云计算平台上。

（3）软件即服务是指云计算数据中心为用户提供运行在服务器上的应用软件服务。软件即服务用户可以只关心软件提供的服务类型，而不必关心底层的基础设施，如操作系统、服务器、网络设备等。

2. 云计算主要特征

（1）广泛网络接入。广泛网络接入指用户可以在任何时间、任何地点接入网络并获取自己需要的服务。云计算服务商在全球很多地方建立了数据中心，只要用户能顺利接入网络，就可以通过各种客户端设备，如手机、平板电脑、笔记本电脑等，方便地访问云计算服务方提供的物理资源以及虚拟资源。

（2）服务可度量。服务可度量指用户无须额外的硬件投入，就可以随时随地获得需要的服务，且仅为使用的服务付费，将用户从低效率和低资产利用率的业务模式中带离出来，进入高效模式。

（3）按需自服务。按需自服务指云服务客户能够按需自动地配置计算能力的特性，为用户降低了时间成本和操作成本，用户无需额外的人工交互，即可为用户提供服务。

（4）弹性可扩展。弹性可扩展指物理或虚拟资源能够快速、弹性地供应，以达到快速增减资源的目的。可为云服务客户提供的物理或虚拟资源无限多，在任何时间购买任何数量的资源，购买量仅仅受服务协议的限制。

（5）资源池化。资源池化是指将云服务提供者的物理或虚拟资源集成起来服务于一个或多个云服务用户。云服务提供者既能支持多租户，又能对用户屏蔽复杂处理。用户仅仅知道服务在正常工作，但是他们通常并不知道资源是如何提供或分布。

3. 云计算关键技术

（1）虚拟化技术。虚拟化技术以透明的方式提供抽象的计算资源方法，这种资源的抽象方法并不受地理位置或底层资源物理配置的限制。通过虚拟化技术将一台计算机虚拟为多台逻辑计算机。在一台计算机上同时运行多个逻辑计算机，每个逻辑计算机可运行不同的操作系统，并且应用程序都可以在相互独立的空间内运行而互不影响，从而显著提高计算机的工作效率。虚拟化技术增强了系统的弹性和灵活性，提高了资源利用效率。

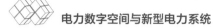

（2）分布式存储。分布式存储是一种数据存储技术，通过网络连接，将企业中分散的存储资源构成一个虚拟的存储设备，数据便可分散地存储在企业的各个角落。与传统存储技术相比，分布式存储技术能够使不同类型的存储设备协同工作，并配合数据隔离技术为用户提供性能强大的云存储服务，具有高可靠性、高可用性、高可扩展性的特点。分布式存储通过将数据存储在不同的物理设备中，实现动态负载均衡、故障节点自动接管。

（3）资源管理。资源管理技术是指通过对设备资源的发现、分发、存储和调度等策略，采用合适的调度算法使所有服务器工作在最佳状态的技术手段。设备资源分为硬件资源和软件资源，硬件资源包括CPU、显卡、内存、硬盘、网络、网卡等；软件资源包括数据库系统、应用程序、文件系统、操作系统等。通过资源管理技术，实现对设备资源运行状态的监测，一旦发生故障，可自动采用应对措施进行故障修复。高效的资源管理机制可有效提升资源的综合利用率、提高系统可靠性、降低数据中心成本。

4. 云计算技术展望

云计算技术发展逐步成熟，正广泛应用于各级数据中心，在智能分析、安全访问、运营管理和实时监控中发挥着重要作用，并呈现以下发展趋势。

（1）混合异构云管理持续加强。随着云计算技术和商业模式的深入融合，各种云平台产品和种类也不断丰富，不同云服务厂商在私有云、公有云、社区云领域都推出自己的基础社区云平台产品。越来越多的云计算用户也将自身业务部署到不同的云平台之上，并呈现多云部署的混合异构云管理发展趋势。针对不同云环境的差异性，建立统一的服务对象建模，实现混合异构云的统合资源调度、网络管理、用户鉴权等功能，为用户提供统一的云操作系统。

（2）移动终端云计算飞速发展。移动终端云计算是指通过移动终端和移动通信网络，以按需、易扩展的方式获得所需的基础设施、平台、软件（或应用）等的信息资源或服务的交付与使用模式，具有突破终端硬件限制、便捷的数据存取、智能均衡负载、降低管理成本、按需服务降低成本的特征。随着移动设备的不断成熟和完善，移动终端云计算业务已成为云计算服务的新热点，必将会在世界范围内迅速发展。

（3）零信任与原生安全深入融合。云计算架构下，系统从传统数据中心向以云计算为承载的数字基础设施转变，多云、混合云成为主要形态。以数据中心内部和外部进行划分的安全边界被打破，面临更多信任危机，促使应对云计算信任危机的安全理念兴起，零信任与原生安全深入融合，将有效应对云计算信任危机。

4.3.2 边缘计算技术

1. 边缘计算概述

边缘计算是在靠近物或数据源头的网络边缘侧，融合网络、计算、存储、应用核心能力的分布式开放平台，就近提供边缘智能服务，满足行业数字化在敏捷联接、实时业务、数据优化、应用智能、安全与隐私保护等方面的关键需求。

为实现对海量电力边缘计算设备的统一监控、配置及运维管理，保证不同厂家、不同专业应用程序在边缘计算设备的可靠迁移，定义了电力边缘计算框架，如图4-1所示。电力边缘计算框架支持应用程序在不同硬件平台上动态迁移及可靠运行，兼容多种编程语言，适用多类型设备接入与消息转发，提供常用的工业现场总线协议与标准兼容，实现互联互通互操作；同时采用微服务架构，便于边缘应用功能的即时变更与随需迭代。

电力边缘计算框架主要实现如下功能：

（1）设备接入层。设备接入层是与电力终端、传感器交互的边缘连接器，包括各类采集应用及支持不同开发语言的软件工具开发包（software development kit，SDK）开发。开发者基于SDK开发包可以快速、便捷地实现不同功能的采集应用，相应的采集应用通过本地协议与电力终端、传感器进行通信，可以为一个或多个设备提供服务。

（2）基础服务层。基础服务层主要实现如下核心组件。

数据缓存：对南向对象收集的数据进行持久性存储和相关管理的服务。

设备控制：实现从北向到南向的控制请求的服务。

模型管理：连接到边缘计算框架对象元数据的存储和关联管理的服务。

服务总线：为边缘计算框架内各微服务提供服务发布、配置的通道。

消息总线：提供边缘计算框架内各微服务进行标准化交互的通道。

（3）支持服务层。支持服务层包含广泛的微服务，可提供边缘分析和智能，包括规则引擎、函数计算、流计算以及人工智能服务等各种微服务。

（4）边缘应用层。边缘应用层与接入服务层一样，基于 SDK 为第三方提供便捷的边缘应用开发能力。

（5）对外交互层。通过标准的北向交互协议实现与应用平台在管理、业务以及安全等方面的交互。

（6）系统管理。系统管理服务用于为物联管理平台提供监视、管理边缘物联代理的操作系统、边缘计算框架本身以及应用的能力。

（7）安全服务。安全服务用于为边缘计算框架本身、应用提供安全服务，涵盖安全接入、数据加密、远程证明以及安全基线等模块。

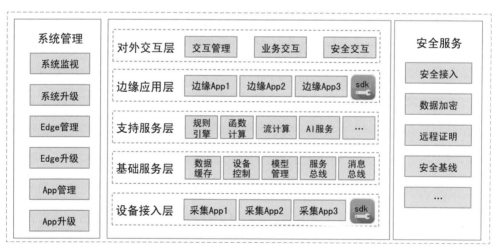

图 4-1　电力边缘计算框架示意图

2. 边缘计算主要特征

（1）处理实时性强。处理实时性强指将原有云计算中心的计算任务部分或全部迁移到网络边缘，在边缘侧实时处理数据，并上传处理结果至云计算中心，提高了数据处理实时性，降低了云服务的计算负载。

（2）数据安全性高。数据安全性高指边缘计算在边缘设备上处理更多数据而不是将其上传至云计算中心，一旦设备受到攻击，也只会影响本地数据，可保证云计算中心数据安全。

（3）可扩展性强。可扩展性强指边缘计算分布式框架提高了系统功能的可扩展性，可通过物联网设备和边缘数据中心的组合来扩展其计算能力，降低扩展成本。

（4）数据流量低。数据流量低指边缘计算设备采集数据可直接进行本地计算分析与预处理，可不必把本地设备收集的所有数据上传至云计算中心，从而减少进入核心网的流量。

3. 边缘计算关键技术

（1）边缘隔离技术。边缘隔离技术是通过对硬件资源、软件数据的隔离，使得不同应用程序具有不同访问权限，不同应用程序间功能互不干扰，保证边缘侧服务的可靠性、安全性。与传统虚拟机技术不同，边缘隔离技术基于一个独立操作系统为不同的应用程序提供独立的运行空间，通过安全的隔离手段保证应用程序正常运行，不仅减小了对 CPU、内存和存储的额外开销，也能快速管理运行环境的生命周期。

（2）边缘计算操作系统。边缘计算操作系统向下管理异构的计算资源，向上处理大量的异构数据以及多样的应用负载，通过将复杂的计算任务在边缘计算节点上进行部署、调度及迁移，从而保证计算任务的可靠性以及资源的最大化利用。与传统的物联网设备上的实时操作系统不同，边缘计算操作系统更倾向于对数据、计算任务和计算资源的管理框架。

（3）任务卸载技术。边缘计算任务卸载是将设备上产生的计算任务从卸载到云端转变为卸载到网络边缘端，从而满足实时精准负荷控制、增强现实等计算密集型应用对低延迟的要求。不同的任务卸载方案对任务完成时延和移动设备能耗有着较大的影响，为了更好地实现边缘计算中计算任务的优化卸载问题，需要根据不同应用程序的不同计算任务需求，分析针对性的计算卸载方法。

4. 边缘计算技术展望

目前，边缘计算与电力业务的融合愈发紧密，为输电线路在线监测、智慧变电站状态监测、配电自动化、用电信息采集、综合能源服务等电力业务提供了强有力的技术支撑，并呈现以下发展趋势。

（1）云边一体化不断加深。随着通信能力的大幅提升，边缘侧业务场景逐渐丰富，各类型应用也将根据流量大小、位置远近、时延高低等需求对整体部署架构提出更高的要求。因此原本相对独立的云计算资源、网络资源与边缘计算资源将不断趋向融合，云边一体化不断深化，实现算力服务的最优化。

（2）边缘计算与人工智能协同共进。基于边缘计算的人工智能体系架构能够降低应用开发和部署复杂度，并可在保障业务实时性的同时提供智能分析能力。从发展趋势上看，一方面边缘侧的人工智能需要在硬件、算法上实现轻量化，适应边缘计算资源受限环境；另一方面，边缘计算需要在架构复杂度、支持人工智能算法多样化以及多场景适应性上不断创新和提升。

4.3.3 区块链技术

1. 区块链概述

区块链技术是利用块链式数据结构来验证与存储数据、利用分布式节点共识算法来生成和更新数据、利用密码学的方式保证数据传输和访问的安全、利用由自动化脚本代码组成的智能合约来编程和操作数据的一种全新的分布式基础架构与计算范式。区块链技术解决了不可信的互联网环境中点对点之间价值传输的问题，把传统的信息互联网带入了价值互联网新阶段，改变了只能依靠中心化机构转移价值的模式。

2. 区块链主要特征

（1）去中心化。去中心化指区块链数据的存储、传输、验证等过程均基于分布式的系统结构，整个网络中不依赖一个没有中心化的硬件或管理机构。作为区块链的一种部署模式，公共链网络中所有参与的节点都可以具有同等的权利和义务。

（2）不可篡改。不可篡改指区块链系统的数据采用分布式存储，任意参与节点都可以拥有一份完整的数据库拷贝。共识算法用于对数据进行合规性校验、结合数据哈希的链式结构和非固定时间的区块数据生成过程，区块链上数据具有非常高的抗攻击性，从而实现数据的不可篡改。

（3）可追溯。可追溯指每次生成区块数据时，在区块头部均有生成此次区块的时间戳，这些区块按生成的时间顺序依次链接，形成具有时间顺序的链式结构，具备可追溯能力。

（4）可编程。可编程指区块链平台还提供灵活的脚本代码系统，支持用户创建高级的智能合约、货币和去中心化应用，使得区块链的功能、应用场景更加丰富。

3. 区块链关键技术

（1）链式存储。链式存储是保障去中心化结构的关键所在。区块链中所有数据均以区块的形式存储，每次共识过程后的数据存储为一个独立的区块，各个区块依次环环相接，形成从创世区块到当前区块的一条最长主链，这些区块彼此相连形成区块链。区块链记录了链上数据的完整历史，能够为链上数据提供溯源和定位功能。区块数据由区块头和区块体组成，在区块头中记录本区块哈希值、相关版本、父节点哈希和时间戳等信息，在区块体中记录交易数据，所有区块数据均以链表或树形结构的交易形式进行存储。

（2）共识机制。共识机制是区块链的核心技术，共识机制与区块链系统的安

全性、可扩展性、性能效率、资源消耗密切相关。从如何选取记账节点的角度出发，现有的区块链共识机制可以分为选举类、证明类、随机类、联盟类和混合类共5种类型。未来区块链共识算法的研究方向将主要侧重于共识机制的性能提升、扩展性提升、安全性提升和新型区块链架构下的共识创新。

（3）智能合约。智能合约是一组部署在区块链上的去中心化、可信息共享的程序代码。签署合约的各参与方就合约内容达成一致，以智能合约的形式部署在区块链上，即可不依赖任何中心机构自动化地代表各签署方执行合约。智能合约具有自治、去中心化等特点，一旦启动就会自动运行，不需要任何合约签署方的干预。

（4）跨链技术。跨链技术是实现链互操作和信息交互的桥梁。依据不同的技术路线，跨链技术可分为公证人技术、侧链技术、原子交换技术等3类。公证人技术是指交易参与方事先选择一组可信的公证人，以确保交易的有效执行。侧链技术是指一条区块链可以读取并验证其他区块链的事件和状态，侧链技术可分为一对一侧链和星形侧链两大类。原子交换技术是指当位于两条链上的双方互换资产时，交易双方通过智能合约等技术，维护一个相互制约的触发器以保证资产交换的原子性。

（5）隐私保护。隐私保护很大程度上决定了区块链的应用范围和领域。为了使分布式系统中的各节点之间达成共识，区块链中所有的交易记录必须给所有节点公开，这将显著增加隐私泄露的风险。区块链的隐私保护主要可以分为3类：网络层隐私保护、交易层隐私保护和应用层隐私保护。网络层的隐私保护，包括区块链节点设置模式、节点通信机制、数据传输的协议机制等；交易层的隐私保护，侧重点是满足区块链基本共识机制和数据存储不变的条件下尽可能隐藏数据信息和数据背后的知识，防止攻击者通过分析区块数据提取用户画像；应用层的隐私保护场景，侧重点是包括提升用户的安全意识、提高区块链服务商的安全防护水平，例如合理的公私钥保存、构建无漏洞的区块链服务等。

4. 区块链技术展望

区块链技术作为当前最热门的新兴信息技术之一，各行各业都在积极探索区块链技术的应用。未来，区块链技术的发展趋势主要有以下几个方面。

（1）可信将成为区块链技术的核心要求。在以区块链为基础的价值传递网络上，仅通过软件构成的信任是远远不够的，还需要进一步通过标准化研究为区块链增加可信度。区块链可信将以电力业务为导向，从智能合约、共识机制、私钥安全、权限管理等维度，规范区块链技术发展，增强区块链的可信程度，给区块链的信任增加砝码。

（2）"云-链"融合趋势明显。基于云的联盟链平台已经成为各大企业在区块链领域中竞争的主阵地，云计算的成本优势和灵活性，降低了企业上链、用链的基础设施门槛。目前，区块链服务网络、星火链网已经成为国家级区块链基础设施，百度超级链、蚂蚁区块链、腾讯区块链等均围绕着联盟链进行生态构建。未来的区块链应用将"脱虚向实"，实现数据和资产的可信流转，为企业降低成本、提升协作效率、激发实体经济增长。

4.4　分 析 决 策 技 术

4.4.1　人工智能技术

1. 人工智能概述

人工智能是使用机器代替人类实现认知、识别、分析、决策等功能的技术，其本质是对人的意识和思想信息过程的模拟。人工智能是由机器展示的智能，与人类和动物展示的自然智能形成对比。近年来，在理论算法、计算能力、数据资源、专家知识四要素的共同驱动下，人工智能技术在电力行业获得广泛研究应用。其中自然语言处理、计算机视觉、生物特征识别等较成熟技术在设备运维、智能客服、作业安监等方面取得了大量成果；群体智能、虚拟现实/增强现实等前沿技术在电网安全与控制、能源互联网优化调度、人机融合决策等核心业务领域开展了初步研究探索。

2. 人工智能特征

（1）通过计算和数据，为人类提供服务。人工智能按照人类设定的程序逻辑或软件算法，在硬件芯片载体上运行或工作，其本质体现为计算，通过对数据的采集、加工、处理、分析和挖掘，形成有价值的信息流和知识模型，实现对人类期望的"智能行为"的模拟，提供延伸"人类能力"的服务。

（2）对外界环境进行感知，与人类交互互补。人工智能借助传感器等器件对外界环境进行感知，可以像人类一样通过听觉、视觉、嗅觉、触觉等方式感知来自环境的各种信息，并对上述信息产生文字、语音、表情、动作等反应。通过按钮、键盘、鼠标、屏幕、手势、体态、表情、力反馈、虚拟现实/增强现实等方式，实现与外界环境的交互。

（3）拥有适应和学习特性，可以演化迭代。人工智能系统具备自适应特性和学习能力，即具有随环境、数据或任务变化而自适应调节参数或更新优化模型的能力。并在此基础上，通过与云、边、端设备广泛深入的数字化连接扩展，实现自身模型的演化迭代，以灵活应对不断变化的现实环境。

3. 人工智能关键技术

（1）机器学习。机器学习是一门涉及统计学、系统辨识、逼近理论、神经网络、优化理论、计算机科学、脑科学等诸多领域的交叉学科，研究计算机如何通过模拟或实现人类的学习行为，以获取新的知识或技能。机器学习具有重新组织已有的知识结构使之不断改善自身的性能，是人工智能技术的核心。基于数据的机器学习是现代智能技术的重要方法之一，从观测数据（样本）出发寻找规律，利用这些规律对未来数据或无法观测的数据进行预测。

根据学习模式可以将机器学习分为监督学习、无监督学习和强化学习等。其中，监督学习是利用已标记的有限训练数据集，通过某种学习策略/方法建立一个模型，实现对新数据/实例的标记（分类）/映射，其在信息检索、文本挖掘等领域获得了广泛应用；无监督学习是利用无标记的有限数据描述隐藏在未标记数据中的结构/规律，主要用于异常检测、数据挖掘、图像处理、模式识别等领域；强化学习是智能系统从环境到行为映射的学习，其在电力控制领域获得部分应用。

（2）知识图谱。知识图谱本质上是结构化的语义知识库，是一种由节点和边组成的图数据结构，以符号形式描述物理世界中的概念及其相互关系，其基本组成单位是"实体-关系-实体"三元组，以及实体及其相关"属性-值"对。不同实体之间通过关系相互联结，构成网状的知识结构。在知识图谱中，每个节点表示现实世界的"实体"，每条边为实体与实体之间的"关系"。通俗地讲，知识图谱就是把所有不同种类的信息连接在一起而得到的一个关系网络，提供了从"关系"的角度去分析问题的能力。

知识图谱可用于反欺诈、不一致性验证等安全保障领域，需要用到异常分析、静态分析、动态分析等数据挖掘方法，知识图谱在可视化展示和精准营销方面有很大的优势。但是，知识图谱的发展还有很大的挑战，如数据的噪声问题，即数据本身有错误或者数据存在冗余。随着知识图谱应用的不断深入，还有一系列关键技术需要突破。

（3）自然语言处理。自然语言处理是指用计算机对自然语言的形、音、义等信息进行处理，对字、词、句、篇章进行输入、输出、识别、分析、理解、生成等的操作和加工。自然语言处理的具体表现形式包括机器翻译、文本摘要、文本分类、文本校对、信息抽取、语音合成、语音识别等。自然语言处理机制涉及两个流程，包括自然语言理解和自然语言生成，自然语言理解是让计算机把输入的语言变成有意义的符号和关系，然后根据目的进行处理；自然语言生成则是把计算机数据转化为自然语言。自然语言处理实现人机间的信息交流，是人工智能、计算机科学和语言学领域所共同关注的重要技术。

自然语言处理的研究可以分为基础性研究和应用性研究两部分，语音和文本是两类研究的共同重点。基础性研究主要涉及语言学、数学、计算机学科等领域，相对应的技术有消除歧义、语法形式化等；应用性研究则主要集中在一些应用自然语言处理的领域，例如机器翻译、文本分类、信息检索等。其中机器翻译研究起步较早，语法、句法、语义分析等基础性研究是目前重点。随着互联网技术的发展，智能检索类研究近年来也逐渐升温。

（4）计算机视觉。计算机视觉是使用计算机模仿人类视觉系统的科学，让计算机拥有类似人类提取、处理、理解和分析图像以及图像序列的能力。根据解决的问题，计算机视觉可分为计算成像学、图像理解、三维视觉、动态视觉和视频编解码五大类。

（5）群体智能。群体智能也称集体智能、群智，是一种共享的智能，是集结众人的意见进而转化为决策的一种技术，用来减少单一个体做出随机性决策的风险。对群体智能的研究，实际上可以被认为是一个属于社会学、商业、计算机科学、大众传媒和大众行为的交叉学科，研究从夸克层次到细菌、植物、动物以及人类社会层次的群体行为的一个领域。目前群体智能的研究主要包括智能蚁群算法和粒子群算法。

（6）生物特征识别。生物特征识别技术是指通过个体生理特征或行为特征对个体身份进行识别认证的技术。从应用流程看，生物特征识别通常分为注册和识别两个阶段。注册阶段通过传感器对人体的生物表征信息进行采集，如利用图像传感器对指纹和人脸等光学信息、麦克风对说话声等声学信息进行采集，利用数据预处理以及特征提取技术对采集的数据进行处理，得到相应的特征并进行存储；识别过程采用与注册过程一致的信息采集方式对待识别人进行信息采集、数据预处理和特征提取，然后将提取的特征与存储的特征进行比对分析，完成识别。从应用任务看，生物特征识别一般分为辨认与确认两种任务，辨认是指从存储库中确定待识别人身份的过程，是一对多的问题；确认是指将待识别人信息与存储库中特定单人信息进行比对，确定身份的过程，是一对一的问题。

生物特征识别技术涉及的内容十分广泛，包括指纹、掌纹、人脸、虹膜、指静脉、声纹、步态等多种生物特征，其识别过程涉及图像处理、计算机视觉、语音识别、机器学习等多项技术。目前生物特征识别作为重要的智能化身份认证技术，在金融、公共安全、教育、交通等领域得到广泛的应用。

（7）虚拟现实/增强现实。虚拟现实/增强现实是以计算机为核心的新型视听技术。通过结合相关科学技术，可在一定范围内生成与真实环境在视觉、听觉、触感等方面高度近似的数字化环境。用户借助显示、跟踪定位、触力觉交互等设备与数字化环境中的对象进行交互，获得近似真实环境的感受和体验。

虚拟现实/增强现实从技术特征角度，按照不同处理阶段，可以分为获取与建模技术、分析与利用技术、交换与分发技术、展示与交互技术以及技术标准与评价体系五个方面。获取与建模技术研究如何把物理世界或者人类的创意进行数字化和模型化，其难点是三维物理世界的数字化和模型化技术；分析与利用技术重点研究对数字内容进行分析、理解、搜索和知识化的方法，其关键在于内容的语义表示和分析；交换与分发技术主要强调各种网络环境下大规模的数字化内容流通、转换、集成和面向不同终端用户的个性化服务等，其核心是开放的内容交换和版权管理技术；展示与交换技术重点研究符合人类习惯的各种显示技术及交互方法，以期提高人对复杂信息的认知能力，其目标在于建立自然和谐的人机交互环境；标准与评价体系重点研究虚拟现实/增强现实的基础资源、内容编目、信源编码等的规范标准及评估技术。

4. 人工智能技术展望

目前，以自然语言处理、计算机视觉、群体智能、虚拟现实/增强现实等为代表的人工智能技术已在电力行业开展应用，并朝着认知决策智能、通用智能、开源生态等方向发展。

（1）认知决策智能。人工智能发展阶段包括感知智能、认知智能、决策智能，目前人工智能主要处于感知智能阶段。随着科技的发展，将从感知智能迈向认知决策智能，即将人工智能应用于复杂度更高的各类电力场景中，通过多模态人工智能和大数据等技术的深度融合，认知决策智能成为电力人工智能的发展趋势，人工智能技术在电力行业的应用将从环境感知向自主认知、从浅层特征分析向深度逻辑、从业务辅助决策向核心业务决策方向发展。

（2）通用智能。目前人工智能应用于电力行业各个环节、不同专业，但各环节和各专业的技术、平台、模型、样本存在明显的专业局限性。各电力专业需要独立搭建平台，采用特定技术，创建相应的模型，开展样本的长期训练，且训练结果无法跨专业共用。人工智能整体目前处于专用智能阶段，无法实现跨专业通用。通用智能开展强鲁棒的人机协同混合增强、高泛化性迁移学习，可减少对特定领域专业知识的依赖性、提高处理任务的普适性，是电力人工智能未来的发展方向。

（3）开源生态。开源的深度学习框架为开发者提供可直接使用的算法工具，具有减少二次开发、提高效率的优点。国内外巨头纷纷通过开源的方式推广深度学习框架，布局开源人工智能生态，抢占产业制高点。电力行业具有业务覆盖面广，涉及业务领域种类多样，与民生、社会、经济关联紧密的特点，布局开源生态是电力人工智能的发展趋势。

4.4.2　大数据技术

1. 大数据技术概述

大数据泛指大规模、超大规模的数据集，是无法在一定时间范围内用常规软件工具进行捕捉、管理和处理的数据集合，是一种通过新数据处理模式以获取更强的决策力、洞察力和流程优化能力的海量、高增长率和多样化的信息资产。

大数据技术是一种全新的数据科学领域的技术架构或模式，对数据量大、类型复杂、需要即时处理和价值提纯的各类数据，综合运用新的数据感知、采集、存储、处理、分析和可视化等技术，提取数据价值，从数据中获得对自然界和人类社会规律深刻全面的知识和洞察力。

2. 大数据技术特征

（1）数据容量大。数据存储量从太字节 TB（1024GB＝1TB）级别，跃升到拍字节 PB（1024TB＝1PB），艾字节 EB（1024PB＝1EB），泽字节 ZB（1024EB＝1ZB）级别，计算量随之增大。

（2）数据类型多。数据类型不仅包含数据表一类的结构化数据，也有半结构化的数据，如文本、网页、网络日志、图像、视频、地理位置等，各种数据之间交互十分频繁和普遍。

（3）价值密度低。其价值密度远远低于传统关系型数据库中已有数据。以视频为例，连续不间断监控过程中，可能有用的数据仅有 1～2s。

（4）处理速度快。数据生成、存储和变化速度极快，时效性要求高，一般要在秒级时间范围内给出分析结果，时间太长就失去价值了，即"1s 秒定律"或者秒级定律。这一点与传统的数据挖掘技术有着本质的不同。

（5）数据准确高。数据的准确性和可信赖度高，即数据的质量高。数据本身如果是虚假的，那么它就失去了存在的意义，因为任何通过虚假数据得出的结论都可能是错误的，甚至是相反的。

3. 大数据关键技术

（1）大数据采集。大数据采集技术通过射频识别（radio frequency identification，RFID）数据、传感器数据、社交网络交互数据及移动互联网数据等方式获得各种类型的结构化、半结构化及非结构化海量数据，是大数据知识服务模型的根本。该技术利用分布式高可靠数据采集、高速数据全映像等大数据收集技术和高速数据解析、转换与装载等大数据整合技术，实现海量数据采集功能。

大数据采集技术按层次可划分为大数据智能感知层和基础支撑层。大数据智能感知层通过数据传感、网络通信、传感适配、智能识别等技术实现对海量数据的智能识别、定位、跟踪、接入、传输、信号转换、监控、初步处理和管理；基

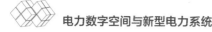

础支撑层提供大数据服务平台所需的虚拟服务器、数据库及物联网络资源等基础支撑环境。通过分布式虚拟存储、可视化接口、网络传输与压缩、大数据隐私保护等技术，支撑大数据智能采集功能实现。

（2）大数据预处理。大数据预处理技术是指在进行数据分析之前，先对采集到的原始数据进行清洗、填补、平滑、合并、规格化、一致性检验等操作提高数据质量，为后期分析工作奠定基础。

数据预处理主要包括数据清理、数据集成、数据转换、数据规约四个部分。数据清理是利用数据仓库（extract‐transform‐load，ETL）等清洗工具，对有遗漏数据、噪声数据、不一致数据进行处理；数据集成是将不同数据源中的数据合并存放到统一数据库的存储方法，着重解决模式匹配、数据冗余、数据值冲突检测与处理三个问题；数据转换是指对抽取出来的数据中存在的不一致数据进行处理的过程，即根据业务规则对异常数据进行清洗，以保证后续分析结果的准确性；数据规约是指在最大限度保持数据原貌的基础上最大限度精简数据量，以得到较小数据集的操作，包括数据方聚集、维规约、数据压缩、数值规约、概念分层等操作。

（3）大数据存储。大数据存储技术是利用分布式文件系统、能效优化存储等技术，将采集的海量数据存储到相应的数据库，进行管理和调用，解决复杂结构化、半结构化和非结构化大数据存储管理问题。大数据存储对上层应用提供高效的数据访问接口，且对数据处理的实时性、有效性提出更高要求，传统常规技术手段根本无法满足。目前最适用的存储技术是分布式文件系统、分布式数据库以及访问接口和查询语言技术。

随着大数据存储技术的发展，分布式缓存、基于大规模并行处理系统（massively parallel processing，MPP）的分布式数据库、分布式文件系统、分布式存储等新技术被用于解决大数据存储与管理问题。同时，各大数据库厂商如甲骨文、国际商业机器公司（International Business Machines Corporation，IBM）都已经推出支持分布式索引和查询的产品。

（4）大数据分析挖掘。大数据分析挖掘技术是从大量的、不完全的、有噪声的、模糊的、随机的实际应用数据中，提取隐含其中、事先未知且潜在有用的信息和知识的过程。大数据分析挖掘技术是统计学、数据库技术和人工智能技术的综合运用，是通过在数据库管理系统上综合运用统计和机器学习的方法从大数据集中提取出模式的一组技术。

大数据分析挖掘从可视化分析、数据挖掘算法、预测性分析、语义引擎、数据质量管理等方面，对杂乱无章的数据进行萃取、提炼和分析。可视化分析是指借助图形化手段，清晰并有效传达与沟通信息的分析手段，借助可视化数据分析平台，对分散异构数据进行关联分析，并做出完整分析；数据挖掘算法是通过创建数据挖掘模型，对数据进行试探和计算的数据分析手段，是大数据分析的理论核心；预测性分析是通过结合多种高级分析功能（特别统计分析、预测建模、数据挖掘、文本分析、实体分析、优化、实时评分、机器学习等），帮助用户分析结构化和非结构化数据中的趋势、模式和关系，实现预测不确定事件的方法；语义引擎是通过为已有数据添加语义来提高用户互联网搜索体验的操作；数据质量管理是对数据全生命周期的每个阶段（计划、获取、存储、共享、维护、应用、消亡等）中可能引发的各类数据质量问题，进行识别、度量、监控、预警等操作，以提高数据质量的一系列管理活动。

4. 大数据技术展望

随着电力数字空间建设推进，大数据技术的研究应用将不断深化，数据质量管理提升、存算分离资源控制、数据流通安全可控将成为大数据技术在电力行业中的发展方向。

（1）数据质量管理提升。电力行业已实现相当数量的数据采集，但大量数据因缺乏有效的管理，普遍存在着质量低、及时性差、整合不易、标准混乱等问题，使得数据后续的使用、共享存在众多障碍。用于数据整合的数据集成技术，以及用于实现一系列数据资产管理的数据管理技术是电力大数据技术未来的发展方向。

（2）存算分离资源控制。大数据技术普遍采用基于 MPP 的分布式框架，为了应对网络速度不足、数据在各个节点间交换时间较长的问题，大数据分布式框架设计采用存储及计算耦合。实际电力业务中，对于数据存储与计算能力的要求是不断变化且各自独立的，存储与计算耦合的大数据框架将导致存储或计算能力的冗余。随着 5G、电力专网等通信技术的发展，将存储和计算两个数据生命周期中的关键环节解耦，形成独立的资源集合，通过高速通信实现两个集合间的协作，降低单位资源成本，并根据实际情况及时对资源进行获取或回收，在差异化的电力业务场景中进行资源合理配置的存算分离资源控制是大数据技术的发展趋势。

（3）数据流通安全可控。随着数据技术的蓬勃发展，数据泄露、丢失、滥用等安全事件层出不穷，对国家、企业和个人用户造成了恶劣影响。电力行业是国民经济和社会发展的基础产业和公用事业，其数据安全至关重要。访问控制、身份识别、数据加密、数据脱敏等传统数据保护技术正积极向更加适应大数据场景的方向不断演进，数据流通安全可控的发展前景十分广阔。

4.4.3 数字孪生技术

1. 数字孪生概述

数字孪生的理念最早由密歇根大学 Michael Grieves 教授于 2002 年针对产品全生命周期管理提出，随着信息技术的发展，数字孪生逐渐成为研究热点，也产生了诸多不同的定义。目前被引用最多的定义来自美国国家航空航天局发布的报告《建模、仿真、信息技术与处理路线图》：数字孪生是利用感知、计算建模等信息技术，基于物理模型、传感器更新、运行历史等数据，集成多学科、多物理量、多尺度、多概率的仿真过程，实现物理空间向数字空间的映射，从而反映相对应实体的全生命周期过程。

电力系统高度重视数字孪生技术，工业 4.0 研究院、国网河北省电力有限公司各自独立组织编制并发布了《数字孪生电网白皮书》，对电力数字孪生的架构、功能、应用及演进进行了有益的探索。但总体而言，电力数字孪生的应用尚处于"可视化"或者"仿真"等初级阶段。

2. 数字孪生主要特征

基于现有研究成果，数字孪生主要特征可总结为 4 项：

（1）数据驱动。以数据流动贯通实现物理空间和数字空间的耦合，对行为复杂的对象、难以观测的参数，以数据驱动的方式进行建模。

（2）模型支撑。以模型驱动物理空间和数字空间之间的虚实交互，对物理实体和逻辑对象的关系进行描述。

（3）软件定义。以模型代码化、标准化的要求对物理空间与数字空间的逻辑关系进行描述，从而动态模拟或监测物理空间的状态、行为、规则。

（4）精准映射。以感知、建模的方式，实现物理空间在数字空间的全面精确表达及全方位监测。

（5）智能决策。以人工智能技术为基础对物理空间数据进行智能分析，以实现对物理空间设备的智能操控。

3. 数字孪生关键技术

（1）混合建模。混合建模指建立包含"信息-能量-环境"多耦合关系和电力各环节要素的电力数字孪生模型，是实现电力物理对象高精度映射，构建电力数字孪生系统的基础和先决条件。电力数字孪生的混合建模技术主要包括基于多感知的物理实体数字孪生初始建模技术、基于多物理场和多尺度的建模技术、基于"模型驱动＋数据驱动"建模技术。

（2）多维可视渲染。多维可视渲染通过部署各类传感装置，覆盖高清可见光、红外热成像、紫外成像、特高频局部放电、高频局部放电、超声波局部放电、射频、振动、温度、油色谱等电力传感单元，结合虚拟现实、增强现实、混

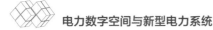

合现实等多种交互方式，通过脑机交互提供视觉、听觉、嗅觉和触觉信号，构建一种沉浸式孪生交互体验。

（3）高效仿真。高效仿真技术是创建运行数字孪生体、保证数字孪生体与对应的物理实体间实现有效闭环互通的核心技术之一。数字孪生仿真技术可以在大量过程数据的支持下实现多物理场、多尺度、全面、综合、真实地建模仿真，并通过虚实信息的传递加载到数字孪生模型，利用"模型驱动＋数据驱动"的混合驱动方式进行高逼近仿真，与真实的电力物理世界建立持久、实时、交互的有效链接，实现全周期和全系统的动态性仿真模拟与状态预测，其主要支撑技术有动态知识数据驱动融合仿真技术、多物理场融合仿真技术、云边协同的数据计算处理技术及轻量化的数字模型构建技术。

（4）孪生交互。孪生交互就是将前端物联感知模块采集的数据，加载到数字孪生系统中进行处理分析，通过"沉浸式"感知进行信息互动，使用者迅速掌握物理系统的特性和实时性能，识别异常情况，获得分析决策的数据支持，并能便捷地向数字孪生系统下达指令。

（5）虚实迭代优化。虚实迭代优化指通过泛在物联感知动态跟踪物理电网的新要素、新趋势、新问题，数字电网修正模型动态更新，保持时空一致，通过仿真推演对物理电网变化导致的潜在风险进行预警，并决策指导物理电网的运行状态，同时物理电网再次将指导结果反馈给数字电网校正更新，使得电网数字孪生系统更具灵活性和准确性。

4. 数字孪生技术展望

随着物联网、云计算、人工智能、大数据等技术在电力领域的快速发展和深度融合，数字孪生技术将呈现出如下趋势。

（1）精细化。随着数字孪生在电力领域的广泛应用，未来电力系统内的每一台设备、每一个部件都会衍生对应的数字孪生体，其数字孪生体可贯穿本体的全生命周期，数字孪生技术将向全局、全生命周期的精细化方向发展。

（2）系统化。数字孪生的发展分为设备级、单元级、系统级三个阶段，随着数字孪生在电力领域的深度发展，为响应电力系统全环节协同需求，数字孪生技术将逐渐打破原有的碎片化应用模式，将设备级、单元级的数字孪生体有机整合到一起，向系统化方向发展。

（3）普遍化。数字孪生技术发展到一定程度时，构建数字孪生体的成本将会显著降低，为电力数字孪生技术的普遍化带来基础，将形成发电、输电、变电、配电、用电全场景，规划、建设、运营全环节的电力数字孪生电网。

（4）开放化。随着数字孪生在各个行业领域的广泛应用，各行业领域间的数字孪生融合将成为必然趋势，数字孪生技术将向开放化发展，形成电力、水务、交通、消防、医疗等数字孪生协同体，共同为数字孪生城市提供支撑。

4.5　信息安全技术

4.5.1　信息安全概述

信息安全是保护信息和信息系统不被未经授权地访问、使用、泄露、修改和破坏，为信息和信息系统提供保密性、完整性、可用性、可控性和不可否认性的能力。信息安全防护的目的是保护信息免受威胁损害、确保业务连续性、最小化业务风险。随着电力系统的发展，传统电力业务和新兴互联网业务并存，网络边界逐渐开放，各种形态终端设备与电力系统交互联通，电力信息安全的问题日益严峻，对信息安全防护技术要求不断提升。电力信息安全的特征如下：

（1）安全威胁的差异性。在信息安全分析过程中要求对威胁进行识别，电力信息安全需要面对客观和主观两大类威胁，每种威胁的属性及发生频率都存在差异。公网上常见的病毒和木马未必是影响电力监控系统的主要威胁，但恶意操作、恶意破坏可能是需要面对的特有威胁。

（2）安全需求的多样性。这种特性体现在电力系统运行、管理、控制和市场

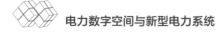

等各个方面，每个环节的信息安全体现出不同的需求。例如广域测量系统中要求相量测量子站能够将数据实时传递给主站系统，对系统的可用性就提出了很高的要求。在变电站自动化系统中，为确保开关设备的远程操作指令来自合法的发起者，要求通信报文具备可认证性和完整性。

（3）事故后果的严重性。信息基础架构与电力基础架构是紧密耦合在一起的，信息安全威胁主要来自通信和信息系统，破坏后有可能影响到电力系统的安全稳定运行，甚至导致一次系统的振荡和大范围停电事故。

（4）事故样本的缺失性。事故样本的缺失性包括历史数据和实验采样在内的事故样本，是进行事故评估量化的基础。尽管电力系统已经发生了一些信息安全事故，但数量和种类仍不能满足风险量化分析的需要，而电力系统的重要性也决定了很难通过对生产控制区的模拟攻击来获取事故样本。

（5）信息架构的异构性。信息架构的异构性主要体现在存储计算能力、通信以及协议等方面。比如场站端的网关设备在存储空间和计算能力上都可能存在限制，导致很多常规安全措施无法直接配置，如密码算法和密钥交换。为提高通信的可靠性，大部分系统存在多种备用通信连接，这也使得典型的安全措施难以起到作用。同时，由于通信设备间协议的多样性，增加了设备通信的安全风险。

以上特征，既是电力系统独有的信息安全特征，同时也是电力系统信息安全区别与常规信息安全的主要特点。基于电力信息安全的发展特征，目前受到较高关注度的电力信息安全新技术主要有终端安全防护、量子保密通信、安全态势感知等。

4.5.2 终端安全防护技术

1. 终端安全防护概述

终端安全防护是以安全策略控制为核心，以终端安全为基础，通过对操作系统、通信数据等进行安全增强，保证终端在可控状态下运行，从根源上有效抑制对终端安全的威胁，达到防止被攻击的目的。终端安全主要面临的挑战包括防御恶意软件、阻止已感染的终端向网络传播威胁信息、防止通过端点软件窃取数据和数据泄露，以及谨防端点用户本身。

2. 终端安全防护特征

（1）防护薄弱。电力终端自生安全防护能力薄弱，海量设备接入后，一旦被攻击者利用平台发起跳板攻击，影响后果将成倍放大。

（2）风险点多。大量异构设备接入，连接条件和连接方式多样，可能存在不安全的接口，导致异构设备接入的安全管理欠缺，进而引起更加严重的终端安全问题。

（3）资源受限。电力终端通常采用轻量化设计，使得计算、存储和网络资源的限制，且可信执行环境未被全部应用，使得某些设备容易遭受恶意入侵。

3. 终端安全防护关键技术

（1）终端安全登录技术。终端安全登录技术是对用户登录操作系统的身份认证方式进行加固，通过操作系统提供用户名、口令等安全认证方式实现系统登录。但是在一些强管控的环境，为了防止用户名和口令泄露或者弱口令导致系统被恶意攻击者控制，需对操作系统的登录进行安全加固，通常使用 USB Key 或者生物特征的方式登录操作系统，提高系统的安全性。

（2）终端外设管控技术。终端外设的管控是终端安全防护的核心环节，通过对外设的读写进行控制，以阻止终端的信息泄露。外设管控的范围包括信息存储和信息传输的外设，如 USB 存储设备、光驱设备、蓝牙设备、红外设备、串口和并口传输设备等。终端外设管控是控制与审计并重，通过配置安全策略，提供精细化的外设控制力度。同时，终端外设管控还需要对外设的使用情况进行审计，如记录 USB 介质的插拔日志、光盘的读写和刻录记录等。

（3）终端接入管控技术。终端接入管控技术是指对各类终端接入局域网进行设备身份认证和准入控制，在接入终端身份认证时实现对入网终端身份的鉴别，准入控制是基于设备准入策略对终端环境进行安全合规性检查，并阻止违规终端入网。在接入身份认证上，通常终端身份标识包括用户名、口令标识、设备指纹标识、设备证书标识等；在准入控制上，准入规则主要考虑终端的安全防护配置，例如终端的口令复杂度、终端防火墙开启情况、终端 Guest 账号开启情况、非涉密计算机涉密文件使用情况、BIOS 口令设置情况、终端防病毒安全软件安装情况。

（4）终端网络访问控制技术。终端安全威胁传播和信息泄露的重要途径就是网络访问，终端网络的非法访问为病毒、木马等恶意软件的传播提供了信息传输通道。利用 Windows 网络驱动拦截、Linux 包过滤以及网络非法外联检测等手段，基于 IP 五元组对进出终端的网络报文实现访问控制，阻断违反访问控制规则的报文，检查进入终端的报文，阻止对危险端口的访问。

4. 终端安全防护技术展望

设备终端安全是通信网络安全的重要组成部分，随着 5G、人工智能技术的发展应用，终端安全防护将逐步向智能化、快速化、轻量化方向发展。

（1）智能化。随着电力终端对安全防护要求的提升，电力终端需提升对未知危险的检测能力，通过可信身份认证、人工智能学习、自我进化实现对未知病毒的智能检测和精准识别。国内相关企业正在研究基于轻量级人工智能检测引擎，利用深度学习技术对多维的原始特征进行分析和综合，提升安全防护能力。

（2）快速化。电力终端将及时、高效地处理安全威胁，一方面终端本身根据检测命中的威胁内容进行及时处置，另一方面终端安全作为安全建设的关键一环，应能够与其他安全设备联动进行协同响应，形成立体防护能力，快速封堵威胁，缩短威胁发现和处置时间。

（3）轻量化。随着电力终端安全防护体系向感知层末端设备的进一步延伸，终端安全防护技术将向轻量化方向发展，通过安全芯片与轻量化可信安全系统的融合应用，提供更加轻量级的电力终端安全防护策略，保证终端设备的信息安全。

4.5.3　量子保密通信技术

1. 量子保密通信概述

量子保密通信技术是利用量子不确定性原理与量子态不可复制的特性进行安全密钥分发，将量子态作为信息加密和解密的密钥，即使攻击者具有无限计算资源，也无法测量和复制该密钥（量子态），一旦进行窃听即会被发现。量子保密通信理论上实现不可破译的无条件安全加密通信方式，是目前最具备实用化的量子通信技术。

量子保密通信由用户节点、中继节点和集控节点三部分组成。

（1）用户节点。用户节点是业务加密接入设备，不考虑成环需求，用于重要性一般的节点，包含量子密钥生成终端 B、量子虚拟专用网络（virtual private network，VPN）等设备，其中，量子密钥生成终端主要用于量子密钥接收、量子密钥存储和量子密钥管理；量子 VPN 是结合量子密码与 IPSec VPN 技术，以量子密钥对用户业务数据进行加解密，为用户数据传输提供量子密钥和网络密钥交换协议（internet key exchange，IKE）密钥的双重密钥加密保障。用户节点设备示意图如图 4 - 2 所示。

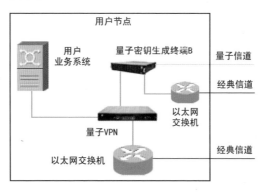

图 4 - 2　用户节点设备组成示意图

（2）中继节点。中继节点功能是量子密钥的分发、储存和中继，没有对本地业务加解密及区域网络管理等需求，是成环的另一种组成元素，目的是扩展量子信道的距离，包含量子密钥生成终端A、量子密钥生成终端B、量子密钥管理机等设备，其中，量子密钥管理机用于量子密钥分发控制、密钥接收、密钥比对、密钥存储、密钥中继、中继密钥路由控制及密钥输出。中继节点设备示意图如图4-3所示。

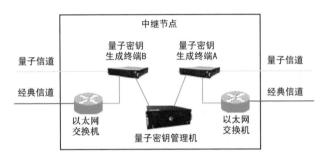

图4-3 中继节点设备组成示意图

（3）集控节点。集控节点集量子密钥生成、分发、储存、中继等量子化功能，和业务加解密及区域网络管理等经典功能，是成环的主要组成元素，包括量子密钥生成终端A、量子密钥生成终端B、量子VPN、光量子交换机、量子密钥管理机以及量子网络管理系统等设备。其中，光量子交换机用于实现量子信道时分复用；量子密钥管理机用于量子密钥分发控制、密钥接收、密钥比对、密钥存储、密钥中继、中继密钥路由控制及密钥输出；量子网络管理系统主要针对量子设备的监控与管理，实现配置管理、拓扑管理、告警管理、性能管理等功能。集控节点设备示意图如图4-4所示。

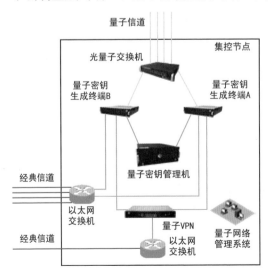

图4-4 集控节点设备组成示意图

量子保密通信技术作为信息通信领域重要发展方向，探索其在电力系统中的应用是非常有意义和前瞻性的工作，将量子保密通信技术与传统安全防护技术和经典设施相融合，可成为保护电力系统数据安全的技术选择之一。

2. 量子保密通信特征

（1）安全性高。量子保密通信的关键要素是量子密钥，以具有量子态的物质作为密码。根据量子不可克隆定理，一旦被截获或者被测量，其自身状态就会立刻发生改变，截获量子密钥只能得到无效信息，而信息的合法接收者则可以从量子态的改变中得知量子密钥曾被截取过。

（2）保密性强。量子保密通信中明文与密文按照密钥加密技术进行分段，每一个信息段的输出与其他信息段的加密输出互不干扰，生成密钥的机制是充分的随机性，且密钥分布是均匀的。

（3）抗干扰性强。量子通信中的信息传输不通过传统信道，与通信双方之间的传播媒介无关，不受空间环境的影响，具有完好的抗干扰性能，同等条件下，获得可靠通信所需的信噪比比传统通信手段低 30～40dB。

3. 量子保密通信关键技术

（1）量子密钥分发技术。量子密钥分发是利用量子力学特性来保证通信安全性，使通信的双方能够产生并分享一个随机的、安全的密钥，进行加密和解密消息。任何对量子系统的测量都会对系统产生干扰，如果有第三方试图窃听密码，必须用某种方式测量它，则通信的双方便会察觉。通过量子叠加态或量子纠缠态来传输信息，通信系统便可以检测到是否存在窃听。

（2）量子密钥分发组网技术。量子密钥分发本质上是一种点对点技术，通过构建量子密钥分发网络才能实现多用户间的保密通信。通常，将点对点扩展为多用户网络的方案可分为三类，分别基于无源光器件、可信中继和量子中继来实现。前两者虽然通过现有技术即可实现，但各有一定的局限性，而真正的量子中继网络距离实现还需深入探索。

（3）支持灵活组网的密钥中继路由技术。密钥中继的路由技术是支撑量子保密通信网络灵活组网的关键。量子保密通信网络通常使用密钥生成速率、密钥缓存量和密钥中继消耗速率等参数描述链路的状态，并评价链路质量。所有链路的状态、连接关系、质量等构成一个动态的网络拓扑数据库。量子保密通信网络的中继路由表即根据这个数据库，按照距离优先、链路质量优先或者综合评定等策略来决策并动态地给出密钥。网络中各个节点实时地更新网络拓扑数据库，共同维护或者委托核心节点/网络来维护路由表。对于大规模的量子保密通信网络，通过分域和分层管理来降低路由表维护的难度，提高路由收敛的速度，从而实现灵活组网，提高网络的兼容性和可扩展性。

（4）量子密钥分发与经典光通信共纤传输技术。通过量子信道与经典光信道复用光纤传输，有效节省量子保密通信网络部署所需的纤芯管道资源，利用现有光通信网络资源，实现经济、高效建网，进而解决功率较强的经典通信光信号的功率谱噪声、拉曼散射和四波混频等非线性噪声对量子通信的干扰问题。共纤传输包括波分复用、时分复用、空分复用等，其中波分复用方案和现有的光通信系统最容易融合，但其困难在于长距离和强经典光功率条件下拉曼散射噪声难以滤除。

4. 量子保密通信技术展望

量子通信在原理上保证了密钥分配的安全性，结合"一次一密"等密钥更新手段能够提升密码破解的难度，可有效提高电网生产、企业运营的安全性，具有广泛的应用前景。随着与电力业务的深入融合，量子保密通信呈如下发展趋势。

（1）量子密钥一体化动态调配。由于电力各业务的网络应用环境、信息安全风险类别（访问合法性，数据完整性，数据保密性，系统可用性等）、业务数据特性（如平均流量、突发特性、时延要求等）等具有不同特点，它们对量子保密通信的需求和使用方式不尽相同。需结合已广泛使用的电力三级数字证书颁发（certificate authority，CA）模式，提出面向电力多业务应用场景的量子、经典密钥一体化动态调配和使用演进策略。

（2）通信偏振成码率提高。通过对组网能力、量子加密通信设备本身的安全设计，开展模拟电网环境下量子保密通信系统的量子性能测试工作，实测电力业务中量子保密通信系统的运行状态和各项性能指标，提升量子保密通信系统的偏振成码率，解决电力通信组网复杂、空间跨度大、电磁辐射影响以及受自然环境因素干扰等问题对量子保密通信中成码率的影响，将进一步加快与电力业务的深入融合应用。

4.5.4　安全态势感知技术

1. 安全态势感知概述

安全态势感知技术泛指某一特定的系统对外部特定的数据进行采集、分析及预测的过程，评估可能对该系统造成风险的因素，进而采取应对风险的防御措施，减少该风险造成故障发生的概率。随着网络的攻击技术不断革新，网络安全问题越发严峻，安全态势感知对网络攻击应具有全天候感知能力，第一时间发现威胁，作出研判和处理。电力信息网络安全态势感知框图如图 4－5 所示。

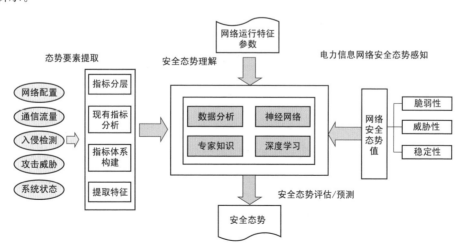

图 4－5　电力网络安全态势感知框图

2. 安全态势感知特征

（1）数据种类繁多。对整个网络状态进行数据提取，包括网站安全日志、漏洞数据库、恶意代码数据库等数据，尽可能多的收集数据，通过统筹整理，做出对整个网络数据、设备、业务的全面安全态势分析。

（2）预测及时准确。通过对采集数据分析，匹配相关的数据库和特征库，定性、定量地分析当前网络的安全状态和薄弱环节。通过对不同分析结果的评估，及时预测后续的发展趋势，为用户提供多形式、多方位的应对措施。

3. 安全态势感知关键技术

（1）安全要素提取技术。通过收集网络节点、连接和各种监视的数据，使用专用工具和软件，识别完整的入侵攻击要素，包括身份验证、应用程序访问权限、终端行为检测、恶意代码检测以及记录攻击网络的信息。其中，数据收集的主要来源是设备网络系统配置信息、网络设备维护日志信息、警报信息和安全工具日志信息，通过有效地提取、集成这些信息，为抽象地理解、使用这些信息提供依据。

（2）安全态势评估技术。全面掌握安全态势的前提是及时识别网络攻击活动及其特征，然后分析这些特征的区别与联系，通过构建数学模型，评估攻击造成的危害。基于数学模型的态势评估方法，包括层次分析法、熵值法、集对分析法等。其中，层次分析法相对简单，但各层次因素受主观因素的影响较大。熵值法比层次分析法更可靠、更准确，但不能降低目标层次的权重。集对分析方法利用关联度来处理由于偶然性、模糊性和不完整信息而引起许多不确定性。

（3）安全态势预测技术。安全态势预测技术是指结合过去经验和当前理论，分析安全态势信息，预测未来安全趋势。网络安全状况的变化是不确定的，其性质、范围和目的也不确定，根据安全态势预测的属性，将常用的安全态势预测方法分为因果预测法和定性预测法。因果预测法是由系统变量确定某些因素的可能结果，通过建立数学模型，推测出安全态势的发展趋向。定性预测方法是先将前期所收集到的安全态势数据归纳整理后，依据预先制定好的判断逻辑，对各种网络安全信息进行判断，预测各个信息的关联和发展趋势。

4. 安全态势感知技术展望

随着电力安全态势感知的发展，结合新技术在电网安全领域的应用，安全态势感知预计向主动防护、新技术融合两个方面发展。

（1）主动防护。传统的安全评估、防御方法已逐渐满足不了电力业务对安全调试感知的判断准确度、精度的要求，电力安全态势感知将逐步从被动预防向主动防护发展，通过连续监测网络中的通信数据、流量模式以及设备状态等信息，并加以提取与融合，准确掌握系统的安全态势，主动感知网络安全状态，检测是否存在违反安全策略或被攻击的迹象，在电力信息网络遭受任意攻击之前，能够及时地采取有效的防护措施。

（2）新技术融合。人工智能、机器学习等新技术凭借自身的优势和特点已经成为态势感知的重要手段，大数据、云计算、物联网等也为态势感知提供了新的方法、应用场景，同时将区块链、蜜罐等技术应用到态势感知中将成为一种不可避免的趋势。态势感知技术与这些新技术的融合将会为该领域带来新思路，为解决安全态势感知问题提供新方法。

参考文献

[1] 董旭柱，谌立坤，王波，等. 电力定制化芯片应用场景及关键技术展望 [J/OL]. 中国电机工程学报：1－19 [2021－12－24]. https：//doi. org/10. 13334/j. 0258－8013. pcsee. 211356.

[2] 耿学锋，何赟泽，李孟川，等. IGBT 多物理场建模技术与应用研究概述 [J/OL]. 中国电机工程学报：1－21 [2021－12－24]. https：//doi. org/10. 13334/j. 0258－8013. pcsee. 210219.

[3] 吴峰霞，米朝勇，陈燕宁，等. 浅谈电力领域芯片设计分析实验室在工业芯片国产化进程中的意义 [J]. 中国集成电路，2021，30 (11)：16－17＋55.

[4] 白利娟，郑奇，何慧敏，等. 电力高端控制芯片封装协同设计、仿真与验证 [J]. 半导体技术，2021，46 (10)：795－800.

[5] 朱晶. 全球工业芯片产业现状及对我国工业芯片发展的建议 [J]. 中国集成电路，2021，30 (1)：15－19＋48.

[6] 李祥珍，刘柱，张翼英. 电力无线传感与电气集成技术 [M]. 北京：科学出版社，2020.

[7] 邸绍岩，焦奕硕. MEMS 传感器技术产业与我国发展路径研究 [J]. 信息通信技术与政策，2021，47 (3)：66－70.

[8] 王继业，蒲天骄，仝杰. 能源互联网智能感知技术框架与应用布局 [J]. 电力信息与通信技术，2020，18 (4)：1－14.

[9] 刘振亚. 全球能源互联网 [M]. 北京：中国电力出版社，2015.

[10] 国网浙江省电力有限公司，电力无线专网应用技术 [M]. 北京：中国电力出版社，2019.

[11] 5G 确定性网络产业联盟. 5G 确定性网络@电力系列白皮书Ⅱ：5G 电力虚拟专网建网模式 [R]. 2021.

[12] Wi‐SUN Alliance. White paper：Comparing IoT Networks at a Glance [R]. 2019.

[13] 刘柱，欧清海. 面向智能配电网的电力线与无线融合通信研究 [J]. 电力信息与通信技术，2016，14 (2)：1－6.

[14] 方芳，吴明阁. "星链" 低轨星座的主要发展动向及分析 [J]. 中国电子科学研究院学报，2021，(9)：933－936.

[15] 王计艳，王晓周，吴倩. 面向 NB‐IoT 的核心网业务模型和组网方案 [J]. 电信科学，2017，33 (4)：148－154.

[16] Wang J Y, Wang X Z, Wu Q, et al. Core network service model and networking scheme oriented NB‐IoT [J]. Telecommunications Science，2017，33 (4)：148‐154.

[17] 欧清海，陈勋，刘柱，等. 面向电力通信网业务的 POTN 多业务疏导机制 [J]. 电力信息与通信技术，2017，15 (7)：1－6.

[18] 李堃，欧清海，刘柱，等. 基于控制器集群的 SDON 多域互联互通技术 [J]. 光通信技术，2017，41 (9)：9－12.

[19] 田倬璟，黄震春，张益农. 云计算环境任务调度方法研究综述 [J]. 计算机工程与应用，2021，57 (2)：1－11.

[20] 王斌锋，苏金树，陈琳. 云计算数据中心网络设计综述 [J]. 计算机研究与发展，2016，53 (9)：2085－2106.

[21] 段文雪，胡铭，周琼，等. 云计算系统可靠性研究综述 [J]. 计算机研究与发展，2020，57 (1)：102－123.

[22] Faruque M A A, Vatanparvar K. Energy management as a service over fog computing platform [J]. IEEE Internet of Things Journal，2016，3 (2)：161‐169.

[23] 赵明. 边缘计算技术及应用综述 [J]. 计算机科学，2020，47（S1）：268-272＋282.

[24] 郑逢斌，朱东伟，臧文乾，等. 边缘计算：新型计算范式综述与应用研究 [J]. 计算机科学与探索，2020，14（4）：541-553.

[25] 丁春涛，曹建农，杨磊，等. 边缘计算综述：应用、现状及挑战 [J]. 中兴通讯技术，2019，25（3）：2-7.

[26] 孙浩洋，张冀川，王鹏，等. 面向配电物联网的边缘计算技术 [J]. 电网技术，2019，43（12）：4314-4321.

[27] Li Z，Liu Y，Xin R，et al. A dynamic game model for resource allocation in fog computing for ubiquitous smart grid [C] // 2019 28th Wireless and Optical Communications Conference（WOCC）. IEEE，2019：1-5.

[28] 王德文，王莉鑫. 基于实用拜占庭容错算法的多能源交互主体共识机制 [J]. 电力系统自动化，2019，43（9）：41-49.

[29] 吉斌，昌力，陈振寰，等. 基于区块链技术的电力碳排放权交易市场机制设计与应用 [J]. 电力系统自动化，2021，45（12）：1-10.

[30] 马天男，彭丽霖，杜英，等. 区块链技术下局域多微电网市场竞争博弈模型及求解算法 [J]. 电力自动化设备，2018，38（5）：191-203.

[31] 甄自竞，刘柱，王利民，等. 基于区块链技术的配电网分布式台区终端系统设计 [J]. 浙江电力，2021，40（5）：30-35.

[32] Benčić F M，Hrga A，Žarko I P. Aurora：a robust and trustless verification and synchronization algorithm for distributed ledgers [C] // IEEE International Conference on Blockchain. Atlanta：IEEE：332-338.

[33] 国家电网有限公司. 电力人工智能白皮书 [R]. 2020.

[34] 中国电子技术标准化研究院. 人工智能标准化白皮书 [R]. 2021.

[35] 中国信通院. 人工智能核心技术产业白皮书 [R]. 2021.

[36] 黄安子. 电力人工智能开放平台关键技术研究及应用 [J]. 自动化与仪器仪表，2020（5）：189-192.

[37] 杜羽，张兆云，赵洋. 边缘计算在人工智能中的应用综述 [J]. 2021，45（3）：72-81.

[38] 刘智慧，张泉灵. 大数据技术研究综述 [J]. 浙江大学学报（工学版），2014，48（6）：957-972.

[39] 中国信通院. 大数据白皮书 [R]. 2020.

[40] 彭小圣，邓迪元，程时杰，等. 面向智能电网应用的电力大数据关键技术 [J]. 中国电

机工程学报，2015，35（3）：503‒511.

[41] 唐文虎，陈星宇，钱瞳，等. 面向智慧能源系统的数字孪生技术及其应用 [J]. 中国工程科学，2020，22（4）：74‒85.

[42] 贺兴，艾芊，朱天怡，等. 数字孪生在电力系统应用中的机遇和挑战 [J]. 电网技术，2020，44（6）：2009‒2019.

[43] 蒲天骄，陈盛，赵琦，等. 能源互联网数字孪生系统框架设计及应用展望 [J]. 中国电机工程学报，2021，41（6）：2012‒2029.

[44] 中国电子信息产业发展研究院. 数字孪生白皮书 [R]. 2019.

[45] 国网河北省电力有限公司. 数字孪生电网白皮书 [R]. 2021.

[46] 工业 4.0 研究院. 数字孪生电网白皮书—电力企业数字化转型之道 [R]. 2021.

[47] 中国信息通信研究院. 电力行业数字孪生白皮书 [R]. 2021.

[48] 数字孪生体联盟. 数字孪生体报告（2021）—"十四五"时期的投资和创业新赛道 [R]. 2021.

[49] 德勤咨询 Deloitte Insights. 2020 技术趋势报告-中文版 [R]. 2020.

[50] Lee J，Kim J，Oh H. Forward‒secure multi‒user aggregate signatures based on zk‒SNARKs [J]. IEEE Access，2019（9）：97705‒97717.

[51] 雷振江，刘颖，李良，等. 基于国密算法的高安全 RFID 技术在电力设备管理中的应用 [J]. 电气应用，2019，38（8）：50‒56.

[52] 姜帆，孙国齐，杜金宝，等. 基于 EDR 技术与机器学习的电力物联网终端安全防护系统 [J]. 网络安全技术与应用，2021（1）：126‒128.

[53] Li Z，Liu Y，Liu D，et al. A key management scheme based on hypergraph for fog computing [J]. China Communications，2018，15（11）：158‒170.

[54] Li Z，Xu H，Liu Y. A differential game model of intrusion detection system in cloud computing [J]. International Journal of Distributed Sensor Networks，2017，13（1）：1550147716687995.

[55] 倪振华，李亚麟，姜艳. 量子保密通信原理及其在电网中的应用研究 [J]. 2017，15（10）：43‒49.

[56] 石乐义，刘佳，刘祎豪，等. 网络安全态势感知研究综述 [J]. 计算机工程与应用，2019，55（24）：1‒9.

[57] 王前. 网络安全态势感知研究 [J]. 网络安全技术与应用，2021，6：20‒21.

第 5 章 电力数字空间基础设施

本章从全景状态感知系统、空天地一体化网络、企业级统一云平台、企业中台、云雾边一体化算力、电力 GIS 地图六个方面，阐述了电力数字空间基础设施建设的实现方案、典型技术及主要产品。

5.1 全景状态感知系统

5.1.1 概述

源网荷储全场景状态感知是实现电力物理世界向电力数字空间映射的基础。新型电力系统由于各类新能源发电、多元化储能以及新型负荷的大规模接入，对信息感知的深度、广度、密度、频度和精度提出了更高要求。

目前，电力系统状态感知仍存在一些不足，一是感知设备部署的速度难以匹配电力系统规模扩大与边界延伸的速度，导致存在一定的监测盲区；二是感知的参量类型、采集频次等指标难以满足数据分析处理的要求，不足以支撑电力数字空间进一步的数据仿真、推演及预测。因此，需要构建覆盖源网荷储全场景、全参量的全景状态感知系统，全面提升新型电力系统可观、可测水平。

5.1.2 实现方案

以电力物联网信息通信总体架构为基础，基于电源侧、电网侧、负荷侧、储能侧深度感知、数据共享需求，提出包含端层、边层、云层的全景状态感知系统，其实施方案示意图如图 5-1 所示。

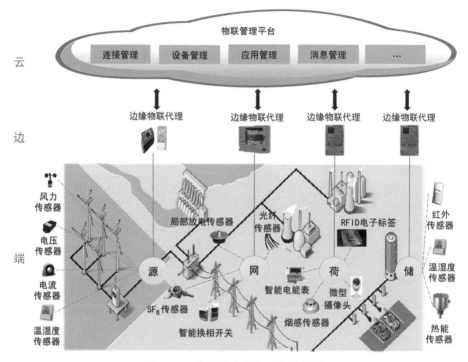

图 5-1　全景状态感知系统示意图

端层：通过在电源侧、电网侧、负荷侧、储能侧各类监测对象附近部署不同类型的传感器及监测装置，对监测对象的电气量、状态量、物理量、环境量、空间量进行采集，以满足设备本体状态、电网运行状态、用户用电行为等信息的及时、全方位感知需求，提升电力数字空间精准感知能力。

边层：靠近端层，通过部署适用于源网荷储不同场景的边缘物联代理，实现端层各类传感器及监测装置的感知数据就地汇聚。边缘物联代理基于边缘计算能力，就近提供边缘智能服务，并将处理结果上送至云层，以提升数据处理的实时性、降低系统通信带宽需求，提升电力数字空间边缘智能水平。

云层：通过部署物联管理平台，南向实现对各类边缘物联代理及物联 App 的统一在线管理和远程运维，以及数据的统一接入和规范化；北向通过标准化交互接口为企业中台、业务系统提供复用共享的数据信息，实现应用与数据解耦，满足系统灵活部署、业务快速上线等需求。

新型电力系统中，不同应用场景下全景状态感知系统架构略有差异。针对输电、变电、配用电典型应用场景，全景状态感知系统实现方案如下：

（1）输电场景全景状态感知系统实现方案。输电场景具有输电线路距离长、设备部署相对稀疏等特点。沿输电线路按需部署微风振动监测传感器、导线弧垂监测传感器、杆塔倾斜传感器、接地电阻监测装置、金具温度传感器、视频监测设备、北斗定位装置、微气象传感器等，实现输电线缆、杆塔、绝缘子、金具、接地装置等基础设施状态的精准感知。

感知数据经边缘物联代理区域汇聚、边缘计算后，将结果上传至物联管理平台，助力输电线路状态主动评估、智能预警及精准运维，提高线路运检效率和效益。输电场景全景状态感知系统示意如图 5-2 所示。

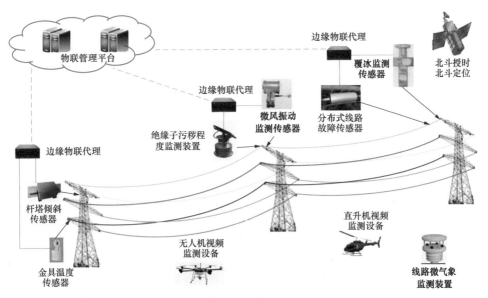

图 5-2　输电场景全景状态感知系统示意图

（2）变电站场景全景状态感知系统实现方案。变电站场景具有感知区域相对集中、监测参数种类多等特点，主要涉及主辅设备运行状态、运行环境、人员作业行为监测等。

主辅设备运行状态监测方面，针对变压器、断路器、电容性设备、避雷器等主设备，以及空调、照明等辅助设备，安装局部放电传感器、振动声纹传感器、SF₆气体监测装置、泄漏电流传感器、视频监测设备等，实现设备运行状态的全面感知、异常预警，支撑变电站智能巡检、故障决策。

运行环境监测方面，针对变电站运行外部气象环境，以及电缆沟道、内部控制室、开关室、汇控柜、端子箱等内部环境，安装温湿度传感器、水位传感器、微气象传感器、视频监测设备等，实现主设备运行环境监控、风险预警，支撑主辅设备智能联动。

人员作业行为监测方面，针对现场人员各类作业行为，配置手持终端、视频监测设备等监测装置，监测现场人员巡视作业、倒闸操作、停电检修等行为。

最后，传感器与监测装置经边缘物联代理实现数据汇聚、边缘智能服务，助力变电站安全、智慧运行。变电站场景全景状态感知系统示意图如图5-3所示。

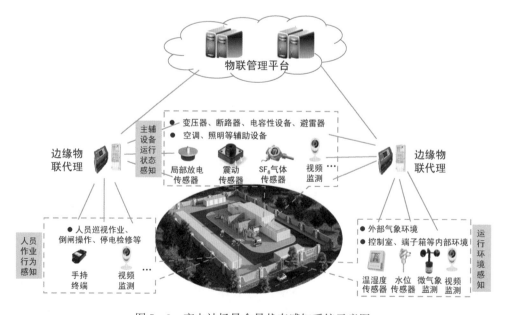

图5-3　变电站场景全景状态感知系统示意图

（3）配用电场景全景状态感知系统实现方案。配用电场景具有台区点多面广、用户参与度高等特点。

在中压侧，通过安装故障指示器、地理位置传感器、温度传感器等感知设备，实现对 10kV 母线、光伏、储能站等对象的实时监测、故障预警。

在低压侧，通过安装油温传感器、油位传感器、油压传感器、电压电流互感器、温度传感器、智能电能表等感知设备，实现对变压器健康状态的实时感知，对综合配电箱内环境变量、进出线开关数据监测及开关状态信息、柜内无功补偿装置数据监测及投切状态、剩余电流数据及跳闸信息、台区电量计量数据等信息的采集，对线路侧环境、分支箱状态、负荷数据、开关状态、线路通道数据等信息的监测，对居民用户、充电桩、光伏的有效感知。

最后，利用边缘物联代理，实现配用电传感器数据的汇聚、边缘计算与区域自治，满足数据实时采集、即时处理、就地分析需求。配用电场景全景状态感知系统示意图如图 5-4 所示。

5.1.3　典型技术

（1）基于先进传感的监测性能提升技术。探索先进传感技术，可有效弥补现有传感器固有缺陷，提升全景状态感知系统深度感知能力。在液态金属传感技术方面，利用弹性薄膜的电阻、电容与压力或形变之间的内在关联测量压力或形变量，实现柔性抗电磁干扰的多参量并行感知。在光声光谱传感技术方面，利用气体分子吸收电磁辐射形成的光声效应测量微量气体含量，具有超高精度、无需载气等优点，可大幅降低目前采用的人工巡检成本。在分布光纤传感技术方面，利用光纤对环境变化的敏感性测量外界环境温度、压力等多物理量，具备高灵敏、抗电磁干扰等优势，对输电线路覆冰、强风、舞动等灾害的预警具有重要作用。

（2）基于边缘计算的边缘智能服务技术。充分利用边缘计算低时延、低流量、高扩展性优势，结合软件定义技术，就地为端层传感器及监测装置提供边缘智能服务。在输电侧，基于边缘计算实现线路状态实时感知与智能诊断、自然灾

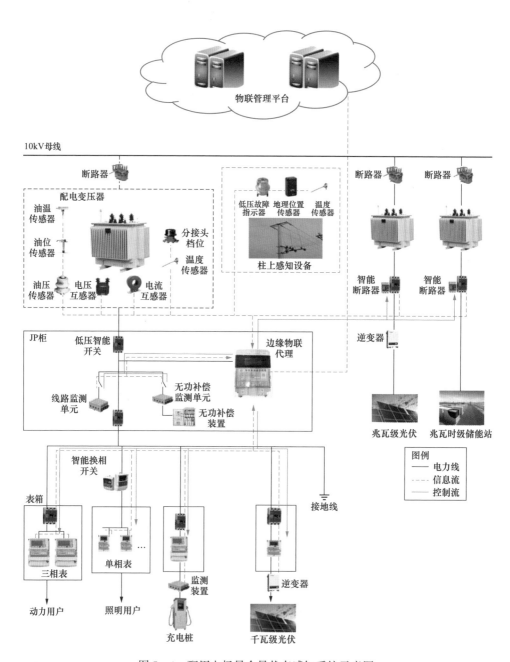

图 5-4　配用电场景全景状态感知系统示意图

害全景感知与预警决策、空天地多维融合及协同自主巡检、线路检修智能辅助与动态防护、高压电缆全息感知与智能管控等服务；在变电侧，基于边缘计算实现变电站主辅设备全面监控、倒闸操作一键顺控、变电站智能巡检、变电站智能管控、变电设备缺陷主动预警、变电设备故障智能决策、变电设备运维成本精益管理等服务；在配用电侧，基于边缘计算实现配网运行状态感知、营配业务贯通提升、优质服务精益管理、源网荷储综合优化等。

（3）基于大连接、大并发的设备接入与管理技术。在连接管理方面，基于并行计算、多协议解析、分布式消息路由及分发等技术，实现热加载的多协议解析，支持亿级设备并发、千万级长连接承载的高性能多协议接入。在设备管理方面，基于多属地统一物模型管理、云边协同设备管控等技术，实现接入设备的智能管控和一体化运维；基于分布式流数据处理、复杂事件管理、高压缩高吞吐物联时序数据管理等技术，提供面向时序数据和流式数据的高性能处理及可视化展现方法。

5.1.4　主要装置及系统

全景状态感知系统主要涉及不同类型传感器及监测设备、边缘物联代理、物联管理平台等产品，梳理如下。

（1）主要传感器及监测设备，如表 5-1 所示。

表 5-1　　　　　　　　　　主要传感器及监测设备部署表

部署环节	主要传感器清单	监测对象
电源侧	（1）电气量：智能电能表、相电流互感器、相电压互感器、轴电压传感器、轴电流传感器、功率变送器、转子匝间短路监测装置、局部放电监测传感器等。 （2）状态量：触头状态传感器、断路器分合闸线圈电流传感器、断路器机械操动故障传感器等。 （3）物理量：位移传感器、扭矩传感器、转子转速传感器、转子振动传感器、应变传感器、压力传感器、转速编码器、光伏板倾角传感器、位置编码器、电磁流量计、质量流量计、核反应堆加速度传感器、核反应堆压力传感器、核反应堆温度传感器、视频监测设备等。 （4）环境量：风速风向传感器、光辐射传感器、环境温湿度传感器、环境气压传感器、定子本体部件温度传感器、定子绕组端部振动传感器、绝缘过热传感器、集电环温度传感器、水位传感器等。 （5）空间量：地理位置传感器、北斗授时、北斗定位装置等	火力发电、水力发电、核能发电、风力发电、光伏发电、地热发电、生物质发电设备等[①]

续表

部署环节		主要传感器清单	监测对象
电网侧	输电侧	(1) 电气量：导线电流传感器、导线电压传感器等。 (2) 状态量：触头状态传感器、断路器分合闸线圈电流传感器、断路器机械操动故障传感器等。 (3) 物理量：微风振动监测传感器、导线弧垂监测传感器、风偏监测传感器、分布式线路故障传感器、杆塔倾斜传感器、接地电阻监测装置、拉线张力监测装置、北斗形变监测装置、视频监测设备等。 (4) 环境量：覆冰监测传感器、舞动监测传感器、导线温度监测传感器、雷电监测传感器、金具温度传感器、绝缘子污秽度监测装置、防山火红外监测装置、线路微气象监测装置、台风预警监测装置、气象雷达、水位传感器等。 (5) 空间量：地理位置传感器、北斗授时、北斗定位装置等	线路基础、杆塔、导地线、金具、绝缘子串、接地装置、避雷器、电缆本体、电缆附件、电缆交叉互联装置、电缆接地装置等
	变电侧	(1) 电气量：变压器局部放电传感器、变压器铁芯接地电流传感器、断路器超声波局部放电传感器、电容型设备电压传感器、电容型设备末屏电流传感器、避雷器泄漏电流传感器、开关柜超声波局部放电传感器、开关柜特高频局部放电传感器、开关柜暂态地电压监测装置等。 (2) 状态量：触头状态传感器、断路器分合闸线圈电流传感器、断路器机械操动故障传感器等。 (3) 物理量：变压器套管介质损耗监测装置、变压器绕组变形传感器、变压器振动声纹传感器、断路器 SF_6 气体监测装置、视频监测设备等。 (4) 环境量：变电站微气象监测装置、开关柜触头温度传感器、变压器红外温度成像监控装置、变压器绕组光纤测温传感器、变压器油色谱监测装置、水位传感器等。 (5) 空间量：地理位置传感器、北斗授时、北斗定位装置等	变压器、高压套管、断路器、气体绝缘金属封闭开关设备、隔离开关、接地开关、开关柜、电容器、避雷器、接地装置、串联补偿装置、晶闸管换流阀等
	配电侧	(1) 电气量：电缆局部放电传感器、电缆接地环流在线监测装置、电缆室局部放电传感器、配电变压器电压电流互感器等。 (2) 状态量：触头状态传感器、断路器分合闸线圈电流传感器、断路器机械操动故障传感器、电缆智能井盖、门磁传感器、智能门锁等。 (3) 物理量：配电变压器油压传感器、配电变压器油位传感器、配电变压器氢气传感器、配电变压器振动传感器、配电变压器噪声传感器、资产标识与感知标签、电缆介质损耗监测装置、电缆油压监测装置、电缆电子标签、通道气体传感器、通道机械振动传感器、通道外破光纤震动传感器、视频监测设备等。 (4) 环境量：配电变压器油温传感器、配电变压器接线桩头温度传感器、JP柜温湿度传感器、电缆分布式光纤测温传感器、电缆接头内置测温传感器、通道温湿度传感器、通道火灾监测装置、通道沉降监测装置、箱式变压器隔室温湿度传感器、开关柜/母线室温升传感器、配电变压器房烟雾传感器、集水井水位传感器、地面水浸传感器、通道水位传感器、冷凝湿度传感器等。 (5) 空间量：地理位置传感器、北斗授时、北斗定位装置等	架空线路、柱上开关、跌落式熔断器、金属氧化物避雷器、高压计量箱、配电变压器、开关柜、电缆线路、电缆分支箱等

续表

部署环节	主要传感器清单	监测对象
负荷侧	（1）电气量：智能电能表、非侵入式负荷识别模块、能效监测终端、智能插座、随器计量终端、充电桩交直流监测传感器等。 （2）状态量：触头状态传感器、断路器分合闸线圈电流传感器、断路器机械操动故障传感器、计量箱智能门锁等。 （3）物理量：计量箱温湿度传感器、计量箱磁场传感器、计量箱震动传感器、计量箱压力传感器、光照传感器、RFID电子标签、计量箱红外传感器、用水计量装置、用气计量装置、用热计量装置、计量箱微型摄像头、视频监测设备等。 （4）环境量：微气象传感器、环境温湿度传感器、水位传感器等。 （5）空间量：地理位置传感器、北斗授时、北斗定位装置等	智能家电设备、工商业用能设备、公共服务类设备、电动汽车、充电桩等
储能侧	（1）电气量：智能电能表、电池电压电流传感器等。 （2）状态量：触头状态传感器、断路器分合闸线圈电流传感器、断路器机械操动故障传感器等。 （3）物理量：流量传感器、RFID传感标签、加速度传感器、振动传感器、动作传感器、热流量传感器、流量传感器、电池压应变传感器、视频监测设备等。 （4）环境量：电池温度湿度传感器、微气象传感器、水位传感器等。 （5）空间量：地理位置传感器、北斗授时、北斗定位装置等	包含机械储能、电气储能、电化学蓄能、热储能、化学储能设备等，如储能变流器、电池、电池管理系统、保护装置等

① 火力发电设备：输煤系统、锅炉、汽轮机、发电机、变压器、断路器、架空线、电缆等。
水力发电设备：水轮机、发电机、变压器、开关站设备、调速设备、可逆式抽水蓄能机组、励磁系统及电制动设备、技术供水设备、压缩空气设备等。
核能发电设备：核反应堆、压力容器（压力壳）、蒸汽发生器、主循环泵、稳压器及相应的管道、阀门、汽轮发电机组、凝汽器、给水泵及相应管道、变压器等。
风力发电设备：风轮、叶片、机舱及承载结构件、齿轮箱、发电机、变流器、变压器、开关设备、塔架、线缆等。
光伏发电设备：光伏组件、逆变器、汇流箱、变压器、线缆等。
地热发电设备：汽轮机、发电机、汽水分离器、扩容器、变压器等。
生物质发电设备：锅炉、蒸汽轮机、发电机、变压器等。

（2）边缘物联代理。边缘物联代理是指对各类智能传感器、智能业务终端进行统一接入、数据解析和实时计算的装置或组件。边缘物联代理部署在边缘侧，与物联管理平台双向互联，实现跨专业数据就地集成共享、区域自治和云边协同业务处理。边缘物联代理一般可安装操作系统、边缘计算框架等基础平台软件，支撑应用的灵活加载与卸载。边缘物联代理作为边缘计算节点，在电力系统不同环节体现为不同形态，具体如下：

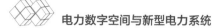

1）发电领域：新一代智能源控终端，具备新能源机组设备状态监测、故障过程实时跟踪能力，协同就地稳控主站，实现新能源毫秒级柔性调节、故障快速切除。

2）输电领域：新型输电线路可视化监测终端，应用 5G 和人工智能/类脑加速等技术，实现输电线路信息就地智能分析、可视化联动、智能防控；输电线路多源数据融合终端，采集处理视频、覆冰、山火、倾斜、微风振动等多源数据，实现信息就地智能分析、多源数据综合管理等；电力管廊区域测控终端，采集处理隧道环境、辅助系统、光纤测温、护套环流、局部放电监测等信息，实现区域内设备实时联动；高压电力电缆故障在线预警与定位终端，基于行波定位技术解决故障预警与定位难题，减少事故停电。

3）变电领域：变电设备在线监测通用终端，根据主变压器、GIS、电容器等不同监测对象，灵活搭载感知模块，实现主、辅设备数据采集、分析、处理等；现场作业安全管控智能终端，实现人脸识别、虚拟安全措施、智能锁控等功能，有效管控变电站的人员、车辆、运检作业；变电设备缺陷识别智能终端，融合图像和视频分析技术，识别设备缺陷和故障。

4）配用电领域：配网设备物联管理终端（含馈线终端、站所终端），用于环网柜/馈线/站房电气量、状态量、环境等信息的采集，实现配网故障主动预警及智能联动；台区智能融合终端，集智能配电变压器终端、集中器等功能于一体，实现营配融会贯通；综合能源虚拟电厂控制器、智慧用能终端等，实现商业楼宇、工业企业及园区能效提升、区域冷热电多能互补。

（3）物联管理平台。物联管理平台是连接边缘物联代理、部分端层设备，并与企业中台或相关业务应用系统交互的信息平台，主要包含连接管理、设备管理、应用管理、消息管理、北向接口服务、平台管理、运维工作台等功能。

1）连接管理：具备动态扩展能力，支持边缘物联代理或智能设备通过云边交互规范统一接入物联管理平台，实现千万级连接的管理与动态负载均衡。

2）设备管理：提供与设备相关的管理与控制能力，主要包括设备接入、物模型管理、设备影子管理、设备运行状态监控以及对设备的统一远程运维等。

3）应用管理：提供物联App应用管理能力，对接应用商店，完成应用的上架、批量下载、安装、升级，对应用运行状态进行统一监控和管理。

4）消息管理：包括规则引擎和数据缓存，其中规则引擎完成规则配置、规则实时执行和数据分发的功能，数据缓存完成短期内采集数据的存储。

5）北向接口服务：为企业中台和业务系统提供统一的数据访问接口，实现灵活的数据交互。

6）平台管理：具备对接电网企业信息化系统统一权限组件的能力，支持电网统一权限管理和用户管理。

7）运维工作台：提供统一监控管理界面，用于集中展示后端微服务、现场设备和物联App运行状态。

5.2　空天地一体化网络

5.2.1　概述

随着新型电力系统中新能源、分布式电源、储能等业务向电网两端不断延伸和扩展，多种多样的电力设备和服务将覆盖山区、沙漠、海洋等广阔区域，使得信息服务的空间范畴不断扩大。例如，海上风电场运行环境恶劣，工作人员很难接近风电场，可靠的远程通信和监控系统能够实现对风电机组设备运行状态的实时监测，分析各种设备反馈信号并及时发现故障隐患，降低运行及维护成本；特高压输电线路距离长，部署在地广人稀的山区，对线路、杆塔等设备的状态监测信息需要通过通信网络回传至系统主站，确保设备运行正常；自然灾害发生后，运营商移动蜂窝通信网络受损，通过快速建立空天通信网络，能够第一时间组织电网抢修，尽快恢复供电。

面对上述挑战，通过构建空基、天基、地基一体的立体化信息高速公路，发挥电力数字空间广泛连接数字要素、物理要素及社会要素的作用，提升源网荷储各环节数据流传输效率、能源流运行效率，驱动业务发展。

5.2.2　实现方案

空天地一体化网络包括传统的地基网络、由各种轨道卫星构成的天基网络以及由飞行器构成的空基网络，在管控系统的协调控制下，形成"任何时间、任何地点、永远在线"的全时空通信网络。其中，地基网络包括电力终端通信接入网、骨干网等，终端通信接入网包含本地通信网和远程通信网，终端通信接入网与骨干网共同实现业务设备与系统的信息互联，承载源荷互动、分布式电源调控、微电网接入等业务；天基网络以卫星（北斗）通信为主，通过星链实现跨地域超长距离通信，作为地基网络的补充，承载光纤不可达地区生产管控、海上风电接入等业务；空基网络主要包含平流层通信和无人机通信，重点在应急指挥、重大保电保障等特殊应用场景下实现区域通信覆盖。空天地一体化网络示意图如图 5-5 所示。

空天地一体化网络典型应用场景的实现方案如下：

（1）微电网自治与并网通信。微电网是具备自我控制、保护和管理能力的自治系统，既可以作为完整的电力系统，依靠自身的控制及管理功能实现功率平衡控制、系统运行优化、故障检测与保护、电能质量治理等功能，也可以与主动配电网系统进行电能交换，提升配电网潮流优化调控、分布式电源柔性就地消纳能力。微电网主要由负荷、电动汽车、分布式电源、储能等设施组成，通过柔性负荷的调度和调节，主动参与电网运行控制，实现分布式电源灵活、高效利用及并网。

微电网自治主要采用本地通信网络承载，智能电表、光伏逆变器、充电桩等设备的全景感知信息，通过本地通信网络上传至台区智能融合终端、能源控制器

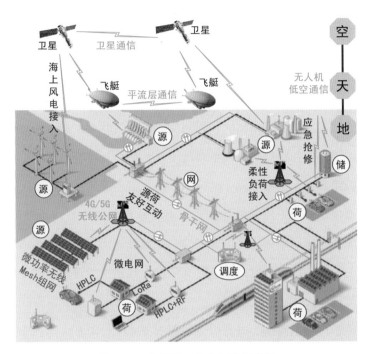

图 5-5　空天地一体化网络示意图

等边缘物联代理，实现各业务数据的汇聚、边缘计算和协同。典型本地通信技术包括高速电力线载波、微功率无线、LoRa、Wi-SUN、BLE、Wi-Fi6 等。

微电网、配电网和主网信息交互主要采用远程通信网络承载，在配电自动化、调度等系统的协调下实现对各类负荷、电源的协同控制。远程通信技术包括 4G/5G 蜂窝技术、微波通信等。

（2）源荷广域稳控实时互动通信。随着新能源规模并网，"源随荷动"逐步向"源荷互动"转变，需要通过源荷互动提升电网消纳能力及稳定运行水平。新能源与负荷之间通过骨干通信网、电力 5G 专网等承载信息流，实现电力广域稳控的实时性和可靠性，提升远距离、大功率、高电压大电网安全稳定运行水平。

骨干通信网以光纤通信为核心，以低时延、大容量、高可靠、高安全的技术特点，构建省际、省内数据网。电力 5G 专网是面向电力行业的专用通信网络，围绕业务传输、网络拓扑、数据安全等实际需求，通过与运营商合作构建多样化 5G 电力无线专网模式，实现电力业务广域接入、端到端承载、高强度安全隔离。

（3）偏远地区新能源场站接入。以风、光、水为代表的新能源场站，主要分布在西北部沙漠、江河沿线、东部沿海等地区，运行环境相对复杂，传统地基网络通信方式较难实现全面覆盖。

平流层通信、空间卫星通信等方式，不受地理位置限制，通过星链、飞艇、微波通信、无线宽带网络等构建的全时空、全地域、高可靠通信系统，能够在光纤难以到达的偏远地区新能源厂站、特高压输电线路沿线等快速实现通信接入及远距离数据传输。

（4）应急指挥通信网络。电力应急管理指挥系统针对重大电网事故、公共紧急事件、自然灾害等，通过现场态势收集分析、各方资源调动协调、应急指挥辅助决策，实现对突发紧急事件的快速响应和积极处置，减少经济损失、保障人员安全。

综合利用 5G 无人机基站/飞艇、宽带卫星星链、北斗、微波等通信技术，构建应急通信系统，提供快速部署、高效协作的应急通信能力。

5.2.3 典型技术

（1）适用于海上风电、分布式光伏、特高压线路、综合管廊、应急抢修等电力应用场景的空天地一体化通信融合技术。空天地一体化融合通信系统，具有网络异质异构、空间节点高度动态、拓扑结构时变、时空尺度极大、单个节点资源有限等特点，采用统一的网络架构、统一的技术体制和统一的系统管控，构建以地面网络为依托、以天基网络和空基网络为拓展立体分层、融合协作的通信网络，并将计算能力、AI 能力、安全能力等融入其中，实现业务全球覆盖、随遇接入、按需服务、安全可信。

（2）超大容量、全维感知、柔性以太网（flexible ethernet，flexE）灵活编排的骨干网通信技术。新型电力系统业务具有多颗粒度带宽、低时延、高可靠等多维特征，迫切需要建设能够满足能源互联网多元业务需求的切片网络。flexE是由国际标准组织光互联网论坛主导的一种新技术，提供了基于以太网物理接口的切片隔离机制，是承载新型电力系统多元业务的重点技术选型之一。基于flexE帧结构设计、时隙交叉、安全隔离、柔性调度等技术，构建新型电力系统网络架构与组网模式，满足新型电力系统业务不同颗粒度、不同性能通信要求，可在广域保护业务专线、局域变电站本地业务汇聚、网联无人机以及无线承载网切片网络、大数据中心等典型场景进行应用，实现端到端低时延、确定性、安全隔离的业务承载，提高各层级网络的资源调配和智慧运营能力，为源网荷储互动、能源广泛互联提供技术支撑。

（3）5G、北斗、无线宽带 Mesh 异构组网技术。通过空、天、地的多网异构融合，解决网络拓扑动态变化、路由计算复杂、空间资源调度困难、业务部署困难、服务质量难以保障等问题，从而实现网络可控、资源可调、信息可管，全面融合各类应用终端和信息系统等天空地各类信息资源，满足用户通信和网络接入需求，为各种环境条件下的用户提供安全可靠、高效传输、便捷通信、泛在互联的一体化网络服务。

（4）面向电力 5G 专网的切片、一体化基站、用户面功能等通信资源监测、编排、部署、管理技术。5G 网络的管理编排和切片包括网络资源模型、虚拟化管理、性能管理、故障监控等，以设备虚拟化、功能模块化、网络可编排为核心重构网络控制和转发机制，基于通用共享基础设施为不同电力业务提供按需定制的网络架构和通信服务。通过虚拟资源管理，为各种虚拟网络功能匹配满足运行条件的虚拟化基础设施，并通过合理编排和调度，实现 5G 网络资源的优化配置，提高资源利用率和业务提供能力。

（5）可信 WiFi、LoRa、微功率无线、高速电力线载波通信（high‐speed

power line communication，HPLC）等多模融合本地通信技术。本地通信方式类型多样，各种通信方式各自具有不同的优缺点，单一本地通信方式在新型电力系统复杂多样的环境下不能够完全满足通信要求，结合不同的本地通信方式特点，通过多模融合通信技术，提升本地通信网络在网络兼容性、通信可靠性、覆盖完整性、数据安全性、易于扩展性等方面的能力。

（6）空天地一体化网络综合管控关键技术。综合管控技术实现通信资源灵活编排与统一配置、统一管理、终端及网络运行状态监测，支撑空天地一体化网络集中、高效管控。随着空天地一体化网络范围和规模的不断扩大，通信系统设备及网络状态数据激增，电力通信网综合管理系统通过更加高效和智能的管理技术，实现设备及网络的状态全面监视、设备统一管理、资源高效调度，支撑电网的安全稳定运行。

5.2.4 主要装置及系统

依托卫星、飞艇、运营商公网等已有通信基础设施，电力数字空间空天地一体化网络主要装置及系统包括电力空天地通信终端、北斗高精度定位＋短报文装置、应急通信系统、一体化通信管理系统。

（1）电力多模本地通信终端。基于可信 WiFi、LoRa、多模微功率无线、HPLC 等通信技术，具备大容量、多信道通信能力，满足各类终端差异化接入需求，支撑地基网络本地通信。

（2）IP＋光融合通信设备。IP＋光融合通信设备基于 flexE 技术，实现各类新型电力系统业务适配接入，具备端到端、满足不同颗粒度、不同业务性能的网络通信资源配置及管理能力。

（3）电力 5G 通信终端。电力 5G 通信终端用于地基网络远程通信，利用模组轻量化、NR－Light 等新特性，具备低功耗、低成本、小体积等特点，满足业务数据高频次、海量传输需求。其中，增强型 5G 通信终端具备"国网芯"安全加密、北斗授时定位、地基网络通信、边缘计算等功能，并针对低时延通信进行优化，保障主站调控指令安全、及时下发。

（4）北斗高精度定位＋短报文装置。北斗高精度定位＋短报文装置具备低功耗、低成本、小体积等特点，用于杆塔倾斜、地质灾害、人员定位等安全监测场景。

（5）卫星通信融合终端。卫星通信融合终端具备卫星、本地热点接入、移动蜂窝等多模通信功能，为监控类业务提供随时随地可用的通信链路。

（6）空天地一体化通信管理系统。空天地一体化通信管理系统基于空天地一体化网络资源虚拟化，实现对通信网络资源的全局监视、管理及调度。

5.3　企业级统一云平台

5.3.1　概述

随着新基建、企业数字化转型的推进，云计算应用从互联网行业向传统行业加速渗透，"企业上云"成为加速企业数字化转型的关键措施。中华人民共和国工业和信息化部在《推动企业上云实施指南（2018—2020）》中，对企业提出按需合理选择云服务、稳妥有序上云的要求。

企业级统一云平台是企业上云的基础支撑平台，主要提供基础设施即服务、平台即服务、软件即服务等能力，提高企业信息化系统开发、测试、部署效率。

5.3.2　实现方案

通过建设资源全域调配、业务敏捷支撑的企业级统一云平台，推进基础资源云化，提升基础资源总体利用效率；通过在线研发测试、集成仿真、生产发布全流程闭环管理，支撑业务敏捷迭代开发；基于国产化体系积累，推进云平台国产化兼容支撑能力。

1. 应用架构

企业级统一云平台主要包括计算服务、存储服务、网络服务、中间件服务、

数据库服务、安全服务、平台管理、持续构建和容灾备份等服务，应用架构如图
5-6所示。

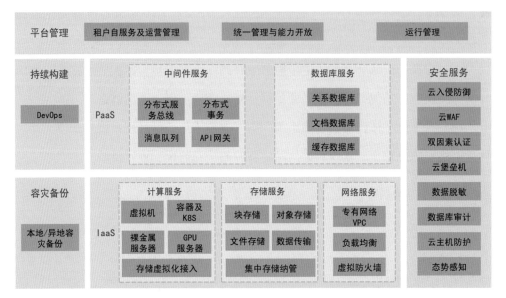

图5-6 企业级统一云平台应用架构图

（1）计算服务：计算服务为各类平台和业务应用提供计算资源，包括裸金属
服务器、虚拟机、容器等通用计算资源服务，并实现计算资源的弹性伸缩；提供
高性能计算集群、GPU服务器等服务，以实现对高性能计算、人工智能等场景
的支持；实现对存量虚拟化环境的纳管接入，实现存量资源池的利旧管理。

（2）存储服务：存储服务为各类平台和各类业务应用提供存储资源，包括块
存储、对象存储、文件存储、备份等服务；实现对集中存储的统一纳管接入；提
供数据迁移上云服务。

（3）网络服务：网络服务为各类平台和业务应用提供网络资源，包括专有网
络VPC、虚拟防火墙、负载均衡、NAT网关等服务。

（4）中间件服务：中间件服务提供应用通用运行环境或运行框架，包括分布
式服务总线、分布式事务、消息队列、API网关等服务。

（5）数据库服务：数据库服务提供各类数据存储服务，包括关系数据库、文档数据库以及缓存数据库等存储服务。

（6）安全服务：安全服务提供云入侵防御、云防火墙 WAF、云堡垒机、数据脱敏、数据库审计、云主机防护以及态势感知等服务，构建可控云安全防护体系。

（7）平台管理：平台管理是用户使用企业级云服务的统一入口，包括账户管理、服务开通、租户自服务及运营管理、资源编排、容量规划、统一管理与能力开放以及运行管理等功能。

（8）持续构建：持续构建提供覆盖应用开发、测试、交付等全生命周期过程支持，支撑持续集成与持续部署，实现开发运营一体化，包括开发平台、自动集成、自动化测试、自动化发布等服务。

（9）容灾备份：容灾备份提供云平台异地备份与恢复能力服务。

2. 部署架构

企业级统一云平台承载企业管理类业务以及公共服务类业务应用，采用多地数据中心方式进行部署，多地数据中心之间跨域协同计算在故障发生时实现资源互备。企业管理类业务覆盖管理信息大区信息内网的资源及服务，由管理平台及其所承载的规划、建设、运检、营销、经营、综合、分析等业务条线以及云端研发、测试、安全三大类服务组成。公共服务类业务覆盖管理信息大区信息外网的资源及服务，由服务云平台及其所承载的金融、客服、交易、采购、电商、移动交互平台等业务应用组成。企业级统一云平台部署架构如图 5-7 所示。

3. 典型场景实现方案

企业级统一云平台实现了服务横向扩展，支持按需使用、自动弹性伸缩，可动态替换、灵活部署，支撑高性能、高吞吐量、高并发、高可用业务场景。企业级统一云平台典型应用场景如下：

（1）网络大学上云方案。基于定时伸缩、负载智能、自动注册、弹性自愈等

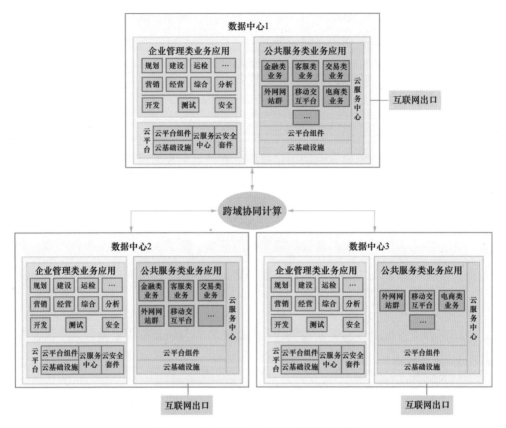

图 5-7　企业级统一云平台部署示意图

功能模块的研发，通过业务上云之后云计算的弹性伸缩服务，实现系统的快速扩容，从容应对流量高峰，用户使用过程中无任何卡顿，在高峰结束之后，计算资源又快速回收；基于数据拆分、业务读写分离、全局负载均衡技术，开发网络大学学员端、后台管理、考试端等微服务组件，实现各业务功能之间通过服务调用的方式实现业务交互，从而避免跨数据中心的业务流量带来的访问延迟和访问失败。

（2）电子商务平台上云方案。电子商务平台采用微服务架构设计，在数据层采用 Oracle 数据库、集中式 SAN 存储和半结构化数据库的混合方案，基于高负载微服务弹性伸缩、自建中间件服务纳管、集中式 SAN 存储接入等技术，根据弹性伸缩策略调用部署编排组件创建新的微服务实例，在业务高峰时增加微服务实例提供系统处理能力，满足大并发场景需求，实现中间件的服务化和运维自动化、云主机与集中式 SAN 存储的互通；通过灰度发布降低系统升级风险，系统升级过程中不中断服务，缩短业务功能上线周期；通过专享高速网络，实现对标书解密等 IO 密集型业务的带宽保障。

5.3.3　典型技术

1. 虚拟化技术

虚拟化技术可以实现资源的灵活配置、弹性伸缩、快速下发，大大提高资源的利用率，并提供相互隔离、安全、高效的应用执行环境。在企业级统一云平台中涉及的虚拟化技术主要包括存储虚拟化、计算虚拟化、网络虚拟化。

（1）存储虚拟化。将实际的物理存储实体与存储的逻辑表示分开，使得应用服务器只与分配给它们的逻辑卷（或称虚卷）作为对象，而不必关心数据的存储实体。存储虚拟化实质是对存储硬件资源进行抽象化表现，将多种、多个存储设备统一管理起来，为使用者提供大容量、高数据传输性能的存储系统。存储虚拟化实现数据在存储层间的无缝迁移，消除互操作性障碍，简化管理，提升存储环境的整体性能和可用性水平，提高存储资源利用率。

（2）计算虚拟化。计算虚拟化又分为系统级虚拟化、应用级虚拟化。系统级虚拟化是高效、独立的虚拟计算机系统，拥有自己的虚拟硬件；应用级虚拟化是将应用程序与操作系统解耦合，为应用程序提供了一个虚拟的运行环境，通过把应用对底层的系统和硬件的依赖抽象出来，可以解决版本不兼容的问题。

（3）网络虚拟化。对网络连接的概念进行了抽象，允许远程用户访问组织的内部网络，就像物理上连接到该网络一样。网络虚拟化可以帮助保护基础设施环境，防止安全威胁，同时使用户能够快速安全地访问应用程序和数据。网络虚拟化整合后的设备组成了一个逻辑单元，在网络中表现为一个网元节点，管理简单化、配置简单化、可跨设备链路聚合，极大简化网络架构，同时进一步增强冗余可靠性。

2. 中间件技术

中间件是介于应用系统和系统软件之间的一类软件,使用系统软件所提供的基础服务,衔接网络上应用系统的各个部分或不同的应用,能够达到资源共享、功能共享的目的,屏蔽了底层操作系统的复杂性。根据中间件在系统中所起的作用和采用的技术不同,典型的中间件技术如下:

(1)分布式事务处理中间件:在分布式、异构环境下提供保证操作完整性和数据完整性的中间件,向用户提供一系列的服务,如全局事务协调、事务提交、故障恢复、高可靠性、网络负载平衡等。

(2)数据库中间件:数据库中间件为海量数据提供高性能、大容量、高可用性的访问,为数据变更的消费提供准实时的保障,支持高效的异地数据同步;为上层应用提供读、写操作等数据库访问操作。不同类型的数据库可以处理关系型、非关系型、时序数据或加密/压缩数据。

(3)消息队列中间件:应用、系统和服务之间大量数据以消息形式移动,如果应用未准备就绪或者发生中断,消息和事务可能就会丢失或重复。消息队列中间件可以保护移动中的数据,是大型系统中的重要组件,已经逐渐成为企业系统内部通信的核心手段,具有松耦合、异步消息、流量削峰、可靠投递、广播、流量控制、最终一致性等一系列功能。

3. 单体应用、微服务混合架构

传统单体架构具有易于测试、易于部署等优势,但面临维护成本变高、可伸缩性差、交付周期长等问题。随着云计算等新技术的创新发展,微服务架构应运而生,微服务架构将一个复杂的应用拆分为多个服务,每个服务都是一个独立的、可部署的业务单元,应用上云可以进一步发挥微服务的优势,提高应用的敏捷交付、弹性伸缩等能力。目前越来越多的云平台同时支撑单体应用、微服务两种应用架构方式,通过分布式服务总线与集中式服务总线的相互集成实现相互访问,形成一个有机的整体。单体应用、微服务混合架构如图5-8所示。

（1）单体应用架构。单体应用架构一般采用分层的部署结构。前端应用集群主要运行 Web 应用，采用虚拟机或容器部署；后端应用集群主要运行核心业务逻辑，应用集中式关系型数据库。传统单体应用往往由很多业务模块组成，对于体量较小且具有敏态业务特征的应用可全量改造上云。

（2）微服务架构。微服务架构一般使用于复杂应用。通过功能拆解，将应用各功能分解到各个离散的服务中，以实现不同模块间的解耦，从而提升系统吞吐量和并发量。

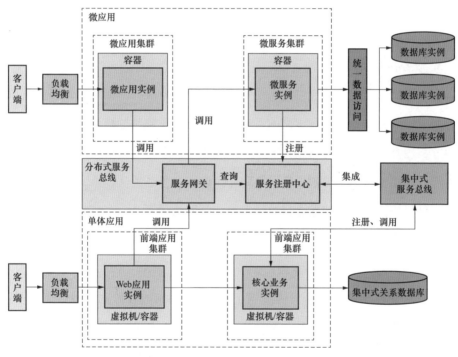

图 5-8　单体应用、微服务混合架构

5.3.4　主要组件

1. 一体化协同研发测试组件

一体化协同研发测试组件指为满足上云应用的敏捷交付需求，通过引入 DevOps 理念标准化实施研运流程，提供一站式研发测试支撑工具集，支持云端一体化协同研发测试管理服务，实现项目需求、设计、研发、测试、部署全流程线上贯通以及研发全过程量化管理，助力企业研发效能提高和业务应用敏捷交付。其中，DevOps 是 Development 和 Operations 的组合，是一组过程、方法与系统的统称，用于促进开发、技术运营和质量保障部门之间的沟通、协作与整合。

2. 应用托管组件

在应用开发、测试完成后，使用应用托管组件可以无缝实现应用上云，有效降低上云门槛，提高云资源利用率。应用托管组件支持应用通过 WAR/JAR 代码包或镜像等多种方式快速部署到云服务器或云集群，轻松实现自动化部署、服务注册、弹性伸缩等应用生命周期管理能力。

3. 服务治理及监控组件

服务治理及监控组件针对应用托管组件托管的微服务框架应用，提供负载均衡、服务熔断、服务降级等丰富的服务治理功能以及链路监控功能。服务治理使得服务调用方连接到合适的服务节点，保障服务器压力剧增情况下，核心业务正常运作，防止整个系统出现雪崩。链路监控记录业务逻辑从开始到结束涉及所有服务的健康情况，便于辅助进行故障定位、链路优化。

4. 国产化兼容组件

随着国产化体系的逐步推进，云平台面向国产异构 CPU 服务器兼容需求，采用"一云多芯"的 IaaS 平台去管理不同 CPU 架构的计算资源池，支持鲲鹏、飞腾、龙芯等主流国产 CPU 服务器的虚拟化和统一管理，支持异构多元算力，并保证用户在功能、性能、可靠性等方面获取一致性体验。

5.4 企业中台

5.4.1 概述

随着数字技术的不断发展、业务和数据复杂程度的变化，企业面临着系统集成关系复杂与系统有序整合需求的冲突、各专业间存在壁垒与业务协同需求的冲突、内部支撑稳定有序与前方市场变化无序的冲突、稳定后台与灵活前台的冲突，迫切需要由效率模式逐步向流程敏捷化的创新模式转变。近年来，互联网巨头相继按"大中台，小前台"的模式开展中台建设，部分传统领域领导企业亦陆续向打造符合自身特点的中台模式演进，企业中台为企业创新注入强大动能。

电力企业顺应数字化发展趋势，落实数字新基建任务部署，着力打造企业中台，赋能客户服务、电力生产、企业经营，支撑新型电力系统建设，助力打造能源互联网生态。

5.4.2　实现方案

依据模型统一、资源汇聚、同源维护、共建共享原则，跳出单业务条线并站在企业全局开展系统规划与建设，沉淀共性业务、数据和技术能力，形成由业务中台、数据中台、技术中台组成的企业级服务共享平台，支持前端应用快速灵活搭建，支撑业务快速发展、敏捷迭代、按需调整，实现能力跨专业复用、数据全局共享。企业中台顶层设计工作秉持数据驱动、共建共享等数字化转型理念，探索适合电力企业的企业中台建设方法和内容，明确企业中台需求、优化企业中台架构、发挥企业中台价值，为后续建设提供理论支撑。

1. 明确企业中台需求

经过十多年信息化建设，电网企业各业务领域及各层级应用的信息化程度不断提高，但也存在一些突出问题，比如各业务系统相对独立，导致跨专业业务流程存在数据壁垒；在技术上信息化资产和能力未有效积累，系统中业务和数据的服务化和复用化程度低。为实现企业全局复用、服务标准稳态、数据融合共享，企业中台将企业共性的业务、数据、技术进行服务化处理，沉淀至相应的业务中台、数据中台和技术中台，形成灵活、强大的共享服务能力，供前端业务应用构建或数据分析直接调用。通过企业中台建设，企业多变、个性的前端业务与稳定、共性的中台业务解耦，并基于复用中台业务构建，使前端业务更轻量、更快捷、更灵活、更经济，推动企业生产经营、客户服务、新兴业务创新发展。

2. 优化企业中台内容

企业中台主要包括数据中台、技术中台、业务中台。其中，数据中台定位于将企业各专业、各单位数据汇聚整合为企业级数据服务，提供便捷应用能力，满足跨专业数据需求，主要侧重于支撑数据分析应用；技术中台定位于为企业各业务提供企业级基础公共服务能力；业务中台定位于将企业核心业务中需要跨专业复用的资源和能力整合为企业级共享服务，消除业务断点、避免重复维护，主要侧重于支撑前端业务处理。企业中台示意图如图 5-9 所示。

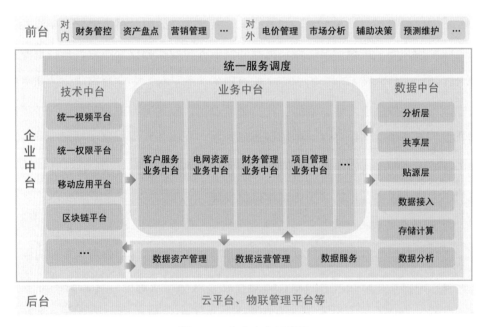

图 5-9　企业中台示意图

（1）数据中台是企业级数据能力共享平台。数据中台将数据分层与水平分解，经汇聚、存储、整合、分析、加工，沉淀公共数据能力，并根据业务场景进行服务封装，形成企业级数据服务，实现数据价值共享。数据中台主要包括贴源层、共享层、分析层、数据资产管理、数据运营管理等方面。

（2）技术中台是企业级技术能力共享平台。技术中台通过对技术能力持续的平台化沉淀，为企业数字化应用的快速建设提供架构统一、技术先进、服务智能的能力接口，以服务化方式赋能业务中台、数据中台和前台应用，实现强力支撑。

（3）业务中台是企业级业务能力共享平台。业务中台为前端业务提供可复用的共享能力，支撑应用灵活敏捷构建、低成本试错、快速迭代更新，赋能业务创新发展和管理精益提升，实现企业中台连接、共享、赋能作用。

3. 发挥企业中台价值

企业中台是在企业前台和后台之间搭起桥梁，通过连接业务场景和技术组件，为前端业务提供可复用的共享能力，主要包含连接作用、共享作用、赋能作用等。其中，中台的连接作用体现在中台在企业前台和后台之间搭起桥梁，通过连接业务场景和技术手段，实现敏捷前台和稳定后台，避免业务共享不足，使得端到端业务无法实时协同；共享作用体现在中台为前台提供可复用的公用能力，不论是业务、数据还是技术中台，均强调全局共享，避免前台部门重复建设；赋能作用体现在中台沉淀的各类能力可以支持前台小成本快速迭代，使前台可以大胆试错，赋能业务创新和管理提升。

5.4.3 典型技术

1. 中台共享服务调度运营技术

（1）统一服务调度技术：基于路由转发、流量控制、数据缓存、报文转换、认证授权等技术，提供统一的服务目录体系，实现对中台共享服务调度统一管控。

（2）全生命周期运营技术：基于对中台共享服务的流量统计、安全审计、全链路监控、服务治理等技术，实现对中台共享服务的全生命周期运营管控。

2. 数据中台相关技术

（1）数据资产监测技术：对数据流转全过程进行监控，监控数据完整性、一致性、准确性、及时性等，动态构建企业级数据质量核查规则库，动态创建质量核查任务，生成数据质量分析报告和改进建议，实现对数据治理的监测稽核。

（2）主数据信息图谱技术：企业主数据是用来描述企业核心业务实体的数据，是具有高业务价值、可在企业内跨域重用的数据，基于信息图谱技术，实现对数据价值的全面检索。

3. 技术中台相关技术

（1）在统一视频技术共享服务方面，基于统一视频画面质量诊断技术，提高视频数据质量；基于视频数据智能分析技术，支撑云边协同场景建设；基于能力扩展技术，支撑输电、基建等业务外网视频应用。

（2）在统一权限技术共享服务方面，基于安全便捷的岗位授权模式，提升平台服务便捷性；基于外网平台可靠性支撑技术，支撑外网应用安全运行；基于适配业务应用权限规则的集成方式，降低业务集成门槛。

（3）在区块链技术共享服务方面，基于零知识证明、同态加密算法等隐私计算技术，实现可追溯的特性；基于交互和可信接入与认证机制，保证经区块链处理、传输和存储的业务数据不被未经允许的第三方窃取。

4. 业务中台相关技术

（1）基于多层编排、服务提供者接口（service provider interface，SPI）扩展点等扩展技术，灵活支撑业务中台共享服务研发、运行阶段的动态需求，解决前端需求多变、业务逻辑复杂、纵横业务叠加的难题，加速场景创新与价值迭代。

（2）基于领域驱动设计思想、微服务设计思想及相关技术，融合电网业务特色和中台建设经验，对业务解耦、领域建模、服务建模等方面形成标准及规范，对业务中台共享服务设计过程提供指导。

5.4.4 主要组件

1. 数据中台

（1）贴源层组件：数据中台体系结构的基础，用于多源数据的汇聚、整合、存储，为数据中台提供基础数据支撑。

（2）共享层组件：数据中台体系结构的标准模型层，用于存储经过模型映射转换、编码统一、数据规范化后形成的企业级业务标准明细数据及轻度汇总数据。

（3）分析层组件：数据中台体系结构的数据应用层，为业务分析提供多维模型数据，该层数据可以直接用于分析展现。

2. 技术中台

（1）统一视频平台：主要包括设备接入、媒体分发、视频存储、资源管理、智能分析、运维监控等服务，支撑监控视频应用、音视频互动、定制化功能应用等场景。

（2）统一权限平台：包括统一用户、免密认证、统一授权、商用密码、企业用户目录、审计监控六大服务，实现各类应用授权管理模式的标准化与用户权限申请自助化，提升业务应用账号权限的安全防护水平。

（3）移动应用平台：包括企业级认证、全方位搜索、便捷性通信、内外部连接、平台级防护、开放式框架等核心能力以及个性化子门户定制能力，满足"千人千面、一人多面"的需求。

（4）区块链平台：包括交易管理、合约构建管理、合约一致性管理、监控管理、网络节点管理、运行维护管理、可信设备管理以及数据共享管理等功能，支撑财务审计、供应链物流、光伏补贴、多边交易、计量数据可信共享等建设内容。

3. 业务中台

（1）客户服务业务中台：包括订单、支付、客服、营销、交互等共享中心，提供公共、成熟、稳定的客户侧共享服务，支持快速、灵活搭建客户服务应用，支撑电力营销业务和产品快速发展、敏捷迭代、按需调整，并拓展持续支撑能源互联网营销服务系统、电力交易、新能源云等建设。

（2）电网资源业务中台：包括电网资源中心、电网资产中心、电网拓扑中心、电网环境中心等共享能力中心，支撑设备管理移动作业、营销业扩接入等功能应用，解决营配调不同专业间图模业务流程孤立运行、自转问题，提高业扩、设备异动等作业效率。并拓展持续支撑智慧能源服务、新能源云等企业级应用建设，提供电网资源"一站式"服务等。

（3）财务管理业务中台：包括预算控制、会计核算、资金收支、税务发票、风控稽核、模型管理、规则管理等共性服务，支撑预算、核算、资金、税务等专业领域的业务管控要求，实现业务流、数据流和价值流三流合一，全面促进业财一体化。

（4）项目管理业务中台：包括项目规划、项目储备、项目计划、项目执行等共享能力中心，打造新兴业务服务孵化平台，构建项目管理生态圈，提升项目管理效率，为各类业务服务，为各级管理赋能。

5.5 云雾边一体化算力

5.5.1 概述

云计算依托其强大的资源能力可以为各项业务提供计算、存储等服务，但由于其距离用户较远，实时性较难保证。边缘计算靠近用户可以为各项业务提供延时较短的计算服务，但由于其资源有限，难以提供计算密集型任务。雾计算位于云计算和边缘计算之间，相较于云计算，数据的计算、分析和处理更加接近用户，从而降低了业务通过云层处理的响应时延和存储开销；相较于边缘计算，具有更强大的数据计算和存储能力，从而保障了计算密集型任务的任务完成率和用户满意度。

云雾边一体化算力通过对云计算、雾计算、边缘计算资源的集中协同管理与调度，实现云平台、雾平台及边缘计算设备计算、存储、网络资源的最优配置，对外提供统一的存储及算力服务，为电力数字空间"数字大脑"建设保驾护航，促进"电力＋算力"融合发展。

5.5.2　实现方案

基于云雾边一体化算力包括三层：边缘计算层、雾计算层、云计算层。边缘计算层用于处理不需数据中心强大计算能力支撑的本地小型计算任务；雾计算层用于处理对实时性要求较高的计算密集型任务；云计算层用于远程处理海量数据的存储和计算任务。云雾边协同计算能够更有效地分析、整合和利用物理分布的各种计算资源，大幅提高实时分析与优化能力。云雾边一体化算力示意如图 5-10 所示。

基于云雾边协同的计算架构，构建分层分布式的分析优化架构。以变电站数据中心作为雾计算节点，传统数据中心作为云计算节点，边缘物联代理作为边缘计算节点，可以从传统集中式电网分析控制模式向多个分布式边缘计算、雾计算节点与一个云计算节点相互协调的分析控制模式转变，实现云雾边一个平台、应用及服务构建一次、运行无处不在，延伸云的管理服务能力，提升计算密集型任务完成率，全面支持新型电力系统分层分布式的分析优化控制，实现快速感知、快速行动、综合优化的目标。

在此架构中，云计算数据中心分析影响全局的信息，做出影响全局的优化决策并下达给分布式部署在变电站的雾计算数据中心；变电站雾计算数据中心依据分层负责的原则，采集边缘计算节点信息并进行分析优化，做出快速的控制决策，同时对需要上传的信息和控制决策结果进行封装，上传到云计算数据中心。

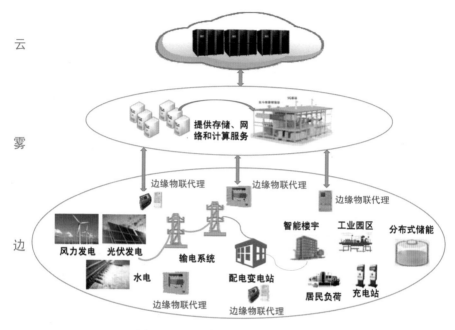

图 5-10　云雾边一体化算力示意图

5.5.3　典型技术

1. 多站融合技术

基于多站融合的云雾边一体化协同解决方案，可以充分利用变电站数据中心的计算资源、存储资源、网络资源，对外提供数据存储、人工智能、GPU 计算等数据信息服务，充分发挥变电站数据中心相较于云数据中心更加靠近用户的优势，保证任务执行的实时性。

（1）基于区域自治的云雾协同一体化架构。基于区域自治的云雾协同一体化架构实现传统云计算数据中心和变电站雾计算数据中心之间的控制指令下达、数据信息交互，业务分级处理。

（2）云雾边协同控制下的电网运行状态和通信网络时延控制技术。通过分析量化区域自治与云雾边协同控制下的电网运行状态和通信网络时延特性，采用海量时空异构特征的数据处理技术，在变电站雾计算数据中心进行本地数据存储和处理，保证任务处理的实时性。

（3）基于启发式算法的虚拟资源优化管理调度策略。基于启发式算法的虚拟资源优化管理调度策略是基于任务调度优化目标，优化蚁群算法、模拟退火算法等启发式算法，实现多个站点任务的优化协同调度与管理。

（4）基于博弈论的资源服务定价机制。通过微分博弈、重复博弈、合作博弈等技术与电网业务的深度融合，制定合理的资源服务提供价格策略，保证多站融合商业模式下资源的集约化利用，提升整体经济效益。

2. 协同技术

云雾边协同主要包括 6 种协同技术：资源协同、数据协同、智能协同、业务编排协同、应用管理协同以及服务协同。

（1）资源协同。资源协同指边缘节点、雾节点提供计算、存储、网络、虚拟化等基础设施资源，具有本地资源调度管理能力，同时接收并执行云端的资源调度管理策略；云端则提供资源调度管理策略，包括边缘节点、雾节点的设备管理、资源管理以及网络连接管理。

（2）数据协同。数据协同指边缘节点、雾节点负责终端设备数据的收集，并对数据进行初步处理与分析，然后将处理后的数据发送至云端；云端对海量的数据进行存储、分析与价值挖掘。

（3）智能协同。智能协同指边缘节点、雾节点负责深度学习模型的推理，实现分布式智能；云端负责深度学习模型的集中式训练，然后将训练好的模型下发至边缘节点和雾节点。

（4）业务编排协同。边缘节点、雾节点提供模块化、微服务化的应用实例；云端提供按照客户需求实现业务的编排能力。

（5）应用管理协同。应用管理协同指边缘节点、雾节点提供应用部署与运行环境，并对本节点多个应用的生命周期进行管理调度；云端提供应用开发和能力

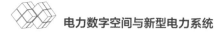

测试，实现对边缘节点、雾节点应用的生命周期管理。

（6）服务协同。服务协同主要是指将边缘计算、雾计算的服务与云计算的云服务进行协同。边缘节点、雾节点按照云端策略实现部分 SaaS 服务，通过 SaaS 与云端 SaaS 的协同实现面向客户的按需服务；云端主要提供 SaaS 服务在云端和边缘节点、雾节点的服务分布策略，以及云端承担的 SaaS 服务能力。

5.5.4 主要平台

（1）电力基础资源管理平台：整合电网公司杆塔、沟道、站址和通信四大类资源，打造基于云雾边算力协同的多站融合体系，构建运营、运维集中化、智慧化、一体化平台，提供统一运营、运维、安全等标准规范和统一接口，实现资源的统一管理。

（2）云雾边一体化算力 IaaS 平台：实现变电站数据中心雾节点 CPU 服务器的虚拟化和统一管理，向外提供基础设施服务。

（3）云雾边一体化算力 PaaS 平台：提供一站式研发测试支撑工具集、一体化协同研发测试管理服务，向外提供开发接口，满足个性化定制化开发需求。

5.6　电　力　GIS　地　图

5.6.1 概述

随着新型电力系统中数字化、智能化设备数量增长，网架结构复杂度加剧，移动互联业务增加，对设备信息维护、态势多维感知、运维抢修调度等提出了更高的定位跟踪、综合展示需求。利用 GIS 核心组件、GIS 数据处理、GIS 业务及应用融合等技术，构建能源专业地图，可以实现电力 GIS 平台数据与能力开放，提升电力 GIS 地图公共服务及专业应用能力。

GIS 技术在电力行业中的应用，打通了各业务系统壁垒，提升电网生产运行、经营管理等专业数据的及时性、准确性和一致性；对设备及数据的生命周期进行全过程跟踪管理，充分挖掘数据的价值，以高质量数据支撑业务应用，保障信息化系统决策分析水准，精确数据辅助决策，有效提升电力企业管理水平。

5.6.2 实现方案

电力GIS地图基于全景状态感知系统、空天地一体化网络、云雾边一体化算力、数字化基础平台提供的新型电力系统全景数字信息和共性技术能力，结合精准时空服务，提供GIS地图公共服务及专业应用服务。电力GIS地图应用示意图如图5-11所示。

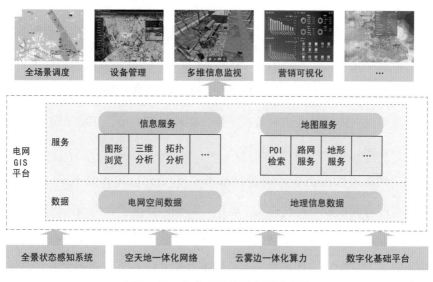

图5-11 电力GIS地图应用示意图

电力GIS地图主要包含数据、服务两部分，数据方面包含电网空间数据、地理信息数据，服务方面包含信息服务、地图服务。电力GIS地图典型应用场景的实现方案如下：

（1）电网全景调度应用场景。构建基于地理背景的现场作业过程全场景一张图，将公共服务信息与电网业务信息相结合，融会贯通人员车辆定位、交通、气象、环境、道路、电网运行、设备坐标、检修作业、抢修指挥等各类信息，实现业务、电网、队伍等作业场景可视化展示和动态关联，由电气图调度向包含操作

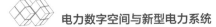

全场景、工作全场景、抢修全场景、故障全场景的全场景一张图调度拓展。

（2）电网设备管理应用场景。基于标准化的空间数据、地图服务和电网空间资源服务，通过设备管理微应用，提供多种设备管理和维护模式，满足用户不同的应用需求。面向新型电力系统一张网管理功能，实现包括电网一次设备、二次设备、工具器仪器仪表、新能源设备、智能辅助设备的全面管理，实现电网资源设备源端统一管理，维护方式便捷高效。

（3）场站多维信息监视应用场景。采用 GIS 三维建模/三维空间分析、虚拟现实等技术，实现变电站、换流站等场站全景化运行状态实时三维全景显示及分级分层显示。场站多维信息监视应用场景利用 GIS 空间分析、大数据数据采集、数据分析、数字化平台技术，呈现一次/二次设备、导线以及附属的线夹、线缆、管路、连接件等运行信息、监测数据及异常告警等信息；利用视频融合交互方式并依托三维呈现对应区域的实时监控图像，实现具有 GIS、三维地理空间关系的多视频同步监视，辅助现场调度指挥。

（4）电网营销可视化应用场景。基于 GIS 平台，在营销 GIS、阳光作业、"95598" 开展营销业务可视化作业，电网一张图同源维护，实现图上办电、图上运维、图上互动、图上协同等营销业务的图上作业，推动营销业务可视管理水平的全面提升。在营配贯通体系建设中，基于电网 GIS 技术及应用实现营销与生产业务的贯通集成，支撑营销客户普查、营配数据采集和治理、营配调末端业务融合分析等应用，满足营配资源可视化、业务互动化、服务智能化等营销新型管理需求。

（5）电网工程管理应用场景。基于电网三维 GIS 平台，通过电网信息模型（grid information model，GIM）文件解析、工程文件上传管理、三维模型展示、专题图展示、场景控制等功能，为电网工程数字化管理应用提升提供全面的三维 GIS 支撑。基于三维 GIS 平台，在设计、建设、投运全环节中对设备信息、地理信息等进行管理和展示，使规划设计、工程管理、运行检修等专业能够直观了解电网工程各阶段的相关信息和实际地理环境，为工程体系化管理、辅助决策分析提供信息支撑。

（6）电力通信网络资源管理及规划应用场景。电力通信网络资源管理及规划应用场指在电力通信网中，各类资源如电缆、光缆、电气设备、通信设备、通信杆塔、机房、站点等分布广泛，具有明显地理空间属性特征；在通信网络运营过程中，还会发生新通信设备更替、线路变更、通信网络拓扑调整等，利用电力GIS 地图，对电力通信网络资源进行静态、动态管理，能够大幅提升资源管理效率，便于实际工作开展。此外，以电力 GIS 地图实现网络通信及相关业务的关联，支撑电力通信网络建设智能分析和规划，有助于提高规划的合理性和准确性，实现通信资源的有效利用。

5.6.3　典型技术

电力 GIS 地图涉及大数据、云计算等领域，典型技术包括了 GIS 数据处理及质量提升、移动及三维 GIS 数据接入、业务及应用融合、GIS 核心组件实现等方面。

（1）GIS 数据处理及质量提升技术。GIS 数据处理及质量提升技术是利用GIS 数据集群存储、分布式空间索引等技术，解决面对海量地理信息数据存储访问和设备数据处理问题，提升系统运行性能；利用 GIS 数据自动化治理技术，解决 GIS 平台设备坐标不准确、图形绘制不合理、拓扑连通异常等问题，提升现状电网与 GIS 平台数据一致性和数据质量，提升 GIS 空间数据价值；利用空间数据及空间模型联合分析技术，挖掘空间目标潜在信息，实现目标的空间数据与属性数据结合，支撑特定任务下多目标的空间计算、分析、推理与展示，提升数据融合价值。

（2）移动 GIS 数据接入技术。面向广泛移动互联需求，利用移动 GIS 技术，实现各专业移动应用的定制化开发，能实现地图浏览、地图测量、数据查询、几何计算、空间分析、数据编辑、离线处理、数据可视化、云服务资源、三维在线场景和离线场景加载等功能。

（3）三维GIS数据接入技术。面向三维呈现需求，利用三维GIS技术，将GIS集成的地形影像、倾斜摄影模型、激光点云、精细模型、管线、设备、厂站等海量多源复杂数据，与模型进行数据配准和信息对齐，实现数据到模型的平滑衔接、自然拼接。同时，通过轻量化平台数据处理技术，采用多源数据格式处理、模型处理、服务发布等，实现GIS三维图形轻量化、高质量展示。

（4）业务及应用融合技术。面向电力规划、建设、运行、营销、客户服务等典型场景，利用GIS业务及应用融合技术，以及资源信息模型时态化验证技术，构建电力数字空间全时空GIS平台。

（5）通导遥一体化服务应用技术。随着电网建设环境日益复杂以及运行条件的限制，对卫星互联网、卫星遥感、卫星导航等技术的需求将逐步提升，通导遥一体化、空天地一体化是未来的应用方向。卫星遥感、GIS、北斗以及结合现代信息通信技术的高度集成应用，将成为电网空间信息技术发展的趋势之一，卫星遥感技术在电网的应用深度和广度，也将随着卫星资源与技术的发展而不断进步。

5.6.4　主要系统及应用

基于电网空间及地理信息数据、云平台组件、GIS地图等基础资源，开发GIS平台、能源专业GIS地图及GIS地图应用客户端App。

（1）GIS平台。GIS平台具备三维GIS数据管理、数据可视化、查询定位、空间测量、空间分析、飞行巡检等能力，同时为企业数字化应用提供"统一、易用、强健"的资源空间服务，为能源业务的开展和融合赋予时空智慧。

（2）能源专业GIS地图。能源专业GIS地图是在GIS地图公共服务能力的基础上，提供源网荷储全产业链设备、拓扑、能量等数据管理服务、设备运维服务、信息增值服务。

（3）GIS地图应用客户端App。GIS地图应用客户端App是面向用户终端的客户端 App，具备地图浏览、高精度定位、地理编码检索、兴趣点查询、导航规划等基础能力，基于地图实现设备查询、工作查询、事件查询等功能。

参考文献

[1] 杨俊伟，纪鑫，胡强新. 基于微服务架构的电力云服务平台［J］. 电力信息与通信技术，2017，15（1）：8-9.

[2] Yang Jun-wei, Ji Xin, Hu Qiang-xin. Electric Power Cloud Service Platform Based on Micro service Architecture［J］. Electric Power Information and Communication Technology，2017，15（1）：8-9.

[3] 王继业，蒲天骄，仝杰，等. 能源互联网智能感知技术框架与应用布局［J］. 电力信息与通信技术，2020，18（4）：1-14.

[4] 张翼英. 物联网导论［M］. 3版. 北京：中国水利水电出版社，2020.

[5] 张东霞. 电力物联网技术及应用［M］. 北京：中国水利水电出版社，2020.

[6] 张树华，仝杰，张鋆，等. 面向能源互联网智能感知的边缘计算技术研究［J］. 电力信息与通信技术，2020，18（4）：42-50.

[7] 张小平，鲁宗相，马世英. 能源转型中的电力系统规划关键技术及案例研究［J］. 全球能源互联网，2021，4（4）：321-322.

[8] 田开波，杨振，张楠. 空天地一体化网络技术展望［J］. 中兴通讯技术，2021，27（5）：2-6.

[9] 沈学民，承楠，周海波，等. 空天地一体化网络技术：探索与展望［J］. 物联网学报，2020，4（3）：3-19.

[10] 黄冬梅，王桂芳，胡安铎，等. GIS 在电网规划中的应用研究综述［J］. 物联网技术，2021，11（3）：70-73.

[11] 费香泽，杨知，马潇. 卫星遥感在能源互联网建设中的应用［J］. 卫星应用，2021，（5）：48-54.

[12] 李德仁. 论军民深度融合的通导遥一体化孔田信息实时智能服务系统［J］. 网信军民融合，2018，（12）：2098-2110.

[13] 陈锐志，王磊，李德仁，等. 导航与遥感技术融合综述［J］. 测绘学报，2019，48（12）：37-52.

第6章 电力数字空间智慧中枢

本章聚焦电力数字空间智慧中枢,介绍了电力人工智能平台、电力数字孪生平台的架构、功能,并阐述了新型电力系统背景下电力人工智能、电力数字孪生平台的典型应用场景。

6.1 电力人工智能平台

6.1.1 平台架构

电力人工智能平台通过与云服务器侧模型库和样本库无缝连接,实现电力专有模型和电力特色样本的共建共享,北向以应用程序接口(application programming interface,API)、软件开发工具包(software development kit,SDK)等形式向业务系统提供通用人工智能服务及电力人工智能服务,全方位支撑业务应用,南向通过边缘智能服务下沉模型到边缘侧,实现电力人工智能云边端协同。

电力人工智能平台采用云化部署模式,将业务应用从浅层特征分析提升至深层逻辑分析,从环境感知提升至自主认知与行为决策,从电力系统业务辅助决策提升至核心业务决策,为人工智能样本数据采集、处理标注、模型训练、能力开放、应用服务、云边端协同等提供全链条支撑服务。其总体架构分为四层,分别是资源层、平台层、服务层和应用层，如图 6-1 所示。

图 6-1　电力人工智能平台示意图

资源层：由 CPU 和 GPU 算力、存储、网络资源以及边缘物联代理、智能终端设备等构成。GPU 纳入企业级统一云平台管理，由运行平台或云平台进行资源调度。

平台层：由样本库、模型库、训练平台和运行平台构成。样本库是存储和管理各专业、各类型电力样本资源的组件；模型库是存储和管理各专业、各类型外采或自研通用和电力专用模型的组件；训练平台提供模型训练服务，运行平台提供模型推理服务。

服务层：由算法服务和模型服务构成，其中模型服务包括通用组件和电力专用模型。通过"算力＋算法＋样本"，依托训练平台实现算法模型的迭代和优化，模型以 API、SDK 等服务化方式与电力业务应用实现在线集成。

应用层：通过服务门户，调用服务层的通用组件和电力专用模型，支撑企业各业务领域的人工智能应用场景建设。

6.1.2　平台功能

电力人工智能平台基本功能主要包含运行平台服务、模型库服务、样本库服务、训练平台服务和门户服务五部分，其功能示意如图 6 - 2 所示。

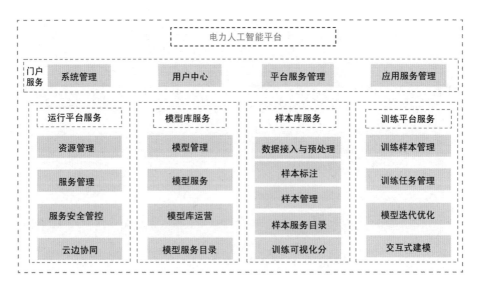

图 6 - 2　电力人工智能平台基本功能示意图

1. 运行平台服务

运行平台服务用于发布电力人工智能模型的推理预测服务，主要功能包括资源管理、服务管理、服务安全管控、云边协同四部分，具体如下：

（1）资源管理。资源管理通过调用云平台接口，实现对算力、存储、网络资源的灵活分配和弹性调度，支撑运维人员对资源使用情况进行监控，及时获取并处置告警信息和异常状态。

（2）服务管理。服务管理通过提供服务上线、下线、版本管理、服务监控、模型部署、在线预测等功能，实现人工智能服务全生命周期管控，保证服务的稳定运行。

（3）服务安全管控。服务安全管控通过提供账号角色和业务系统访问权限配置等服务，实现服务认证授权、服务权限管理等功能，保证人工智能服务的安全运行。

（4）云边协同。云边协同通过边缘侧与云中心的协同优化，实现边缘计算节点管理、边缘预测、边缘服务监控、服务日志展示等功能，支撑人工智能云边协同服务。

2. 模型库服务

模型库服务用于汇聚、存储与管理各类电力专业模型数据，包括运检、安监、基建、营销、财务、科技、物资等。按照各类电力专业应用场景细分服务目录，提供模型的逻辑归集视图，实现模型共建共享、一次训练全局应用，主要功能如下：

（1）模型管理。模型管理对人工智能算法模型统一管理根据电力应用场景进行模型细分，如输电、变电、配电等。根据应用类别提供模型导入、模型分类、模型版本管理等功能。

（2）模型服务。模型服务通过引擎封装、模型发布、模型下发等功能，结合实际电力场景，根据不同场景下的业务需求，提供差异化模型质量动态展示，让用户更直观地了解模型服务能力。

（3）模型库运营。模型库运营指运用模型的使用审批、计量统计等功能，给用户更直观的展示，确保模型的应用效果。

（4）模型服务目录。模型服务目录指通过模型目录上传、目录同步、模型资源展示、模型资源订阅、模型资源审批等能力，汇集人工智能模型资源，实现模型库的互联互通。

3. 样本库服务

样本库服务对不同电力专业和不同数据类型的样本数据进行统一存储与管理，包括运检、安监、基建、营销、财务、科技、物资等专业的图像，视频，音频文本等类型样本数据，实现样本接入、标注、管理、服务、共享一体化。其主要功能分为样本数据接入与预处理、样本标注、样本管理、样本服务目录 4 部分，具体如下：

（1）数据接入与预处理。数据接入与预处理指利用样本数据接入、数据抽取、数据预处理等功能，支撑各业务数据的智能接入与预处理。其中数据接入要

进行电力专业各场景的准入筛查。

（2）样本标注。样本标注通过样本标签管理、图像标注、文本标注等功能，支持多人协同标注和标注数据质量审核。

（3）样本管理。样本管理基于样本入库审核、分类、存储、展示、上传、下载等功能，确保入库样本质量，实现样本数据的更新、维护与共享。

（4）样本服务目录。样本服务目录指按照业务类别、样本类别对样本资源进行检索与展示，实现与样本库的互联互通，提供样本资源服务目录上传、目录同步、样本资源审批等功能。

4. 训练平台服务

训练平台服务通过训练环境本身功能、训练环境与样本库、模型库的集成，提供线上模型开发训练能力，支撑各类应用模型训练的需求。训练平台主要功能包括训练样本管理、训练任务管理、模型迭代优化、交互式建模、训练可视化分析五部分，具体如下：

（1）训练样本管理。训练样本管理支持对接样本库获取模型训练所需样本数据，支持按照切分比例对训练集和验证集进行自动切分。

（2）训练任务管理。训练任务管理支持对训练框架、智能算法的自定义配置，提供训练流程管理服务。

（3）模型迭代优化。模型迭代优化支持业务模型的迭代训练，用新采集的视频、图片等样本数据对已训练的模型进行优化。

（4）交互式建模。交互式建模提供在线的交互式开发环境，支持用户基于自定义镜像环境进行线上开发，提供训练后的模型文件下载以及推送至模型库的功能。

（5）训练可视化分析。训练可视化分析通过业务模型训练中产生的过程结果以及资源使用，实现训练数据可视化展示和分析。

5. 门户服务

门户服务作为人工智能平台管理和服务操作的统一入口，主要功能包括系统管理、用户中心、平台服务管理、应用服务管理四部分，具体如下：

（1）系统管理。系统管理提供服务门户通用的系统管理能力，实现系统的用户管理、角色管理、菜单管理、权限管理、日志管理等功能。

（2）用户中心。用户中心提供账号设置和消息设置等功能，实现用户对个人账户及个人使用偏好的管理。

（3）平台服务管理。平台服务管理提供运行环境、模型库、样本库及训练环境功能接入，为各类用户使用电力人工智能平台提供统一入口。

（4）应用服务管理。应用服务管理以 API、GUI 等方式，提供人工智能通用模型和专用模型的应用体验服务。

6.1.3 典型应用场景

电力人工智能平台主要应用于运维检修、安监、审计、智慧客服等方面。其中，运维检修又包括输电线路智能巡检、智慧变电站、基于声纹识别的变压器运行监测等典型应用场景。

1. 平台＋运维检修场景

（1）输电线路智能巡检场景依托电力人工智能平台，将输电线路图像识别电力专有能力由前期人工检索缺陷方式，转变为机器识别方式，实现输电线路故障缺陷识别，提升电力巡检工作效率；通过人机互动持续迭代、优化深度学习算法，实现由人工巡检向智能化巡检转变。电力人工智能平台输电线路的典型应用如图 6-3 所示。

（2）智慧变电站场景依托电力人工智能平台，综合运用物联传感、大数据分析等先进技术，构建变电站"综合状态全息感知、多源数据联动分析、故障缺陷智能研判、全局安全主动防御"能力，转变运维模式与记录方式，实现现场作业层智能替代、业务管控层集约高效、指挥决策层精准穿透。目前已在辽宁、安徽、山西、福建等网省公司部署应用，完成了辽宁朝阳变、大连港东变、安徽锦绣变、山西驼岭头变等10余座变电站的建设，并推广至福建水口水电站和河北张河湾抽水蓄能电站等。电力人工智能平台智慧变电站典型应用如图6-4所示。

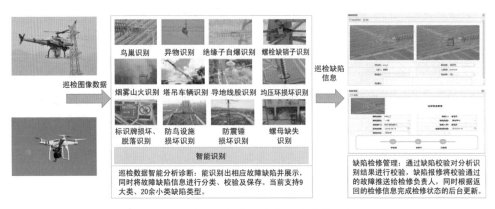

图6-3 电力人工智能平台输电线路典型应用

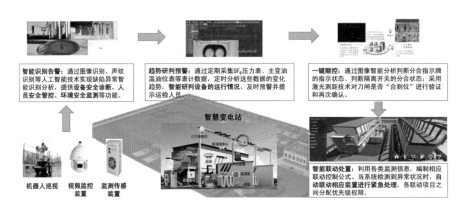

图6-4 电力人工智能平台智慧变电站典型应用

（3）基于声纹识别的变压器运行监测场景依托电力人工智能平台，通过获取大量变压器运行声学样本，构建声学指纹大数据库，采用声纹识别算法进行语料训练、迭代、优化，创建缺陷告警、类型识别模型，实现变压器运行状态的声纹在线监测及主动预警。在国网安徽、辽宁、四川公司和国网新源公司等10余座不同电压等级的变电站/换流站以及抽水蓄能电站开展了试点应用。电力人工智能平台声纹识别典型应用如图6-5所示。

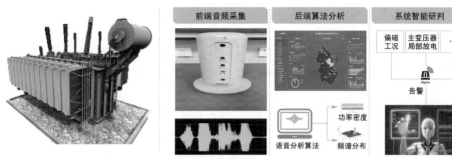

图 6-5　电力人工智能平台声纹识别典型应用

2. 平台＋调度实时计划场景

平台＋调度实时计划场景指依托电力人工智能平台，部署包含新型电力系统网架结构和潮流计算模型的电网仿真环境，导入深度强化学习模型，通过与仿真环境进行交互迭代训练智能体，根据负荷预测、机组状态和安全约束等情况，对新能源和火电机组功率及电压幅值进行调整，并将该智能体推送至调控机构，实现未来 5 分钟至 1 小时发电计划的辅助编排。该功能以数据为驱动，解决传统模型方法带来的不确定因素建模难、求解大规模优化计算慢等问题，具备更快的响应速度和更强的场景适应能力，为新型电力系统实时计划编制转型升级提供了解决方案，有效提升了电网调控运行智能化水平。电力人工智能平台调度实时计划典型应用如图 6-6 所示。

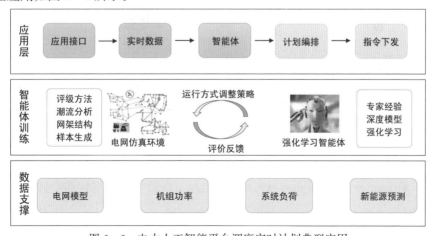

图 6-6　电力人工智能平台调度实时计划典型应用

3. 平台＋安监场景

平台＋安监场景指依托电力人工智能平台，由数字化安全管控智能终端将人工智能平台的电力专用智能识别算法（20 余种）下沉到边缘计算装置，整合安全作业现场各类智能终端和输电、变电、配电等安全管控业务规则，利用视频图像、北斗定位、室内定位、传感监测等采集信息，通过边缘计算装置实现作业现场接入数据的就地分析、快速研判。此外，与数字化工作票形成有效联动，对作业风险和违章行为进行智能识别和自动告警，实现作业本地化安全管控，是人工智能物联网（artificial intelligence internet of things，AIoT）的典型应用。电力人工智能平台数字化安全管控典型应用如图 6-7 所示。

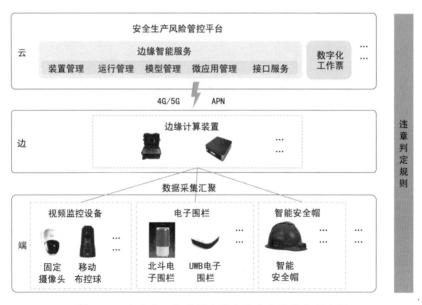

图 6-7 电力人工智能平台数字化安全管控典型应用

4. 平台＋审计场景

平台＋审计场景指利用电力人工智能平台的自然语言处理、光学字符识别（optical character recognition，OCR）等能力，自动抽取出审计作业过程中各类审计依据、审计对象、审计结果等非结构化文档中的关键结构、信息字段与标签，将难以利用的非结构化文档转换为易于分析的结构化数据，显著扩大审计作业过程中信息的获取、比对及统计效率，提升数字化审计作业的自动化、智能化水平。电力人工智能平台审计典型应用如图6-8所示。

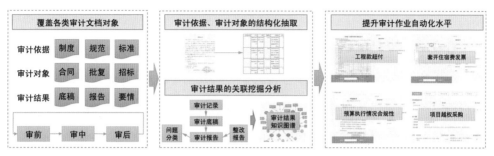

图6-8　电力人工智能平台审计典型应用

5. 平台＋智慧客服场景

平台＋智慧客服场景指依托电力人工智能平台自然语言理解、语音识别、精准分词、语音合成等技术，打造智慧客服系统，建设全渠道简单、清晰、高效的自助智能服务，解决"互联网＋全媒体"发展的时代背景下，客户服务向电子渠道化、自助化的发展趋势要求，提升电网客服专员、知识维护及应用人员工作效率、智能服务水平，实现客户诉求的精准智能理解，使电力客户享受精准化、智能化、互动化的高效智慧沟通服务。电力人工智能平台智慧客服典型应用如图6-9所示。

图6-9　电力人工智能平台智慧客服典型应用

141

6.2 电力数字孪生平台

6.2.1 平台架构

电力数字孪生平台以数字孪生技术为核心，构建数据＋模型的数模孪生体，以模型驱动与数据驱动相结合的方式，开展全方位、高精度的高逼近仿真与多维预测分析，为电力数字空间的功能应用提供全方位支撑。电力数字孪生平台参考架构主要包括基础资源层、分析平台层、共性应用层三层，如图 6－10 所示。

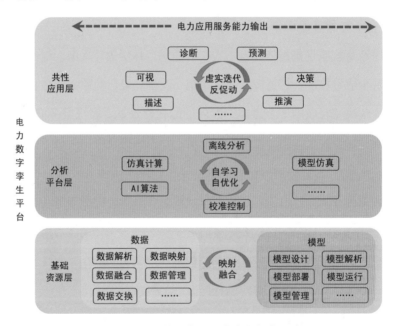

图 6－10　电力数字孪生平台参考架构示意图

（1）基础资源层：数据和模型是电力数字孪生平台的基础资源，数据基础资源包含数据的解析、映射与融合、管理与交换等功能；模型基础资源包含模型的设计、解析、部署、运行及管理等功能。同时，数据与模型之间相互映射融合，形成数据＋模型的数模孪生体，并根据实时数据动态更新。

（2）分析平台层：依托数模孪生体，结合高效仿真分析技术，构建模型＋数据相结合的仿真计算、离线分析、模型仿真、人工智能 AI 算法以及校准控制等功能，形成多模型混合驱动的分析计算能力，同时通过自学习，实现分析能力的自我优化。

（3）共性应用层：基于基础资源层和分析平台层提供的统一服务，开展共性应用能力建设，包括可视、描述、诊断、预测、决策以及推演等能力，针对电力业务应用输出服务能力，同时通过物理实体和数字孪生体的虚实迭代，实现服务能力的反促动。

6.2.2　平台功能

电力数字孪生平台基于电力业务数字孪生需求，面向电力业务场景开发人员、可视化开发者、电力数据分析者以及算法模型开发人员，通过可视化平台、标准接口平台等形式对外输出数据融合、孪生模型构建、场景设计、仿真推演等核心能力，并可接入第三方应用平台。电力数字孪生平台北向通过 API、SDK、组件等形式为电力业务应用提供电力专属数字孪生开发与应用服务能力，通过自我学习提升平台服务能力，实现自我迭代进化，全面支撑业务场景应用，同时将应用成效反馈至平台，实现人机双向智慧协作与自学习优化迭代；南向通过物联管理平台、企业中台、统一视频平台、边缘物联代理、物联传感等信息数字化设施实时精准映射电力物理世界，实现物理实体与数字孪生体的智慧协作与虚实迭代。电力数字孪生平台功能架构包含数据处理中心、模型构建中心、仿真分析中心、模拟推演中心和应用设计中心五部分，其功能架构示意图如图 6‑11 所示。

（1）数据处理中心。数据处理中心通过物联管理平台、企业中台、统一视频平台、边缘物联代理、物联传感系统等信息数字化设施，实时接入电力物理世界数据，并对数据进行抽取、清洗、转换等处理，同时将电力数字空间反馈结果数据纳管到物联管理平台等信息数字化设施；基于多业务连续映射机制与实时数据映射方法、高效数据更新集成技术，实现"虚‑实"数据互联映射闭环。

（2）模型构建中心。模型构建中心基于数字孪生建模与重构技术，构建城市信息模型、建筑信息模型、电网信息模型、机理模型、仿真模型、人工智能算法

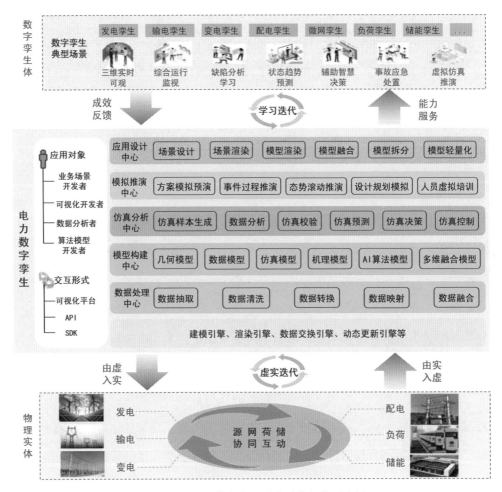

图 6-11　电力数字孪生平台功能架构示意图

模型、融合模型等，将电力物理世界的实体模型高保真的在电力数字空间孪生，实现电力数字空间的映射模型构建。

（3）仿真分析中心。仿真分析中心指通过高效仿真技术研究、多物理场仿真分析技术、机理分析理论技术、人工智能算法分析技术及多模型混合驱动的仿真分析等，实现系统级与设备级运行态势仿真分析、电力系统潮流计算分析、模型仿真校验、辅助决策仿真以及从虚到实控制仿真等功能。

（4）模拟推演中心。模拟推演中心通过开展事件与方案的模拟推演、作业操作的虚拟培训、设计规划模拟、人员虚拟培训等，实现作业试验方案全景可视化的精确演示与趋势推演，验证方案可行性和预期结果；通过设备复杂操作和试验过程的"沉浸式"可视化虚拟培训，在日常维护、大修、改造过程中提供全景可视的方案推演支持和人员操作培训。

（5）应用设计中心。应用设计中心可根据业务需求动态设计发电、输电、变电、配电、负荷、微电网等领域数字孪生场景，开展源网荷储协调互动、大规模分布式新能源并网运行调度控制、新能源发电功率预测等数字孪生应用，涉及场景的设计与渲染，模型的融合、拆分、渲染及模型的轻量化等工作，支撑电力数字孪生应用场景建设。

6.2.3　典型应用场景

电力数字孪生平台可广泛应用于新型电力系统中发电、输电、变电、配电、用电等各个环节的设备实体和整体系统的业务场景，以及源网荷储协调互动场景。按照分析对象的不同，将典型应用场景分为设备级应用、单元级应用、系统级应用等多维多时空多尺度场景，电力数字孪生平台典型应用场景如图 6－12 所示。

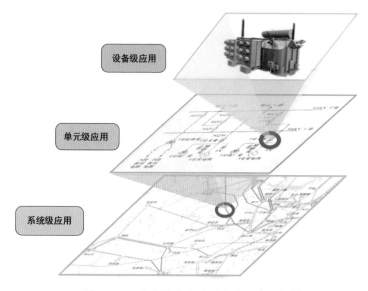

图 6－12　电力数字孪生平台典型应用场景

设备级应用场景主要面向设备自身功能、性能和状态等方面的应用，比如变压器、风机、光伏、储能等设备的设计、规划、运维、管理等场景；单元级应用场景主要面向由多个设备组成的单元的功能、性能和状态等方面的应用，比如变电站、光伏站、充电场站等单元的设计、规划、运维、管理等场景；系统级应用场景主要面向由多个单元组成的系统的整体功能、性能和状态等方面的应用，比如输电网、配电网、微电网等系统的设计、规划、运维、管理等场景。

1. 设备级典型应用场景——数字孪生变压器

（1）数字孪生变压器孪生体建模。数字孪生变压器孪生体建模包括静态孪生模型和动态多物理场模型构建。

在静态孪生模型构建环节，基于高精度三维数字建模技术和可视化重构技术，建立变压器设备高保真数字孪生模型。首先，通过变压器设备关键结构、部件、材料等设计参数的数字化建模技术，建立变压器设备通用化的内外部数字模型；然后，采用高精度激光雷达扫描设备内外部实景，实现变压器设备激光点云可视化重构，建立与设备实体外观、坐标、属性一致的高保真数字孪生模型；最后，采用设备外部实景三维模型与内部数字化模型融合技术，形成变压器设备的设备级高保真静态数字孪生模型。变压器设备静态孪生模型如图 6-13 所示。

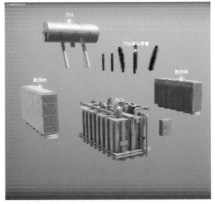

图 6-13　变压器设备静态孪生模型

在动态多物理场模型构建环节，基于变压器设备结构与功能的三维立体模型，融入变压器设备运行时其内部存在的物理场，如振动场、温度场、电磁场等，构建变压器设备的多物理场模型。首先，应用三维制图软件建立主设备的三维立体模型，其内部结构、构件类型、机械连接、电磁关系应与实际设备一致；然后，应用有限元分析软件导入所建立的设备三维立体模型，将现场采集的数据作为仿真模拟的起始和边界条件，对各物理场进行仿真分析，通过对正常和故障运行状态分别做仿真模拟，得到设备内部物理场（振动、温度、电磁场等）分布规律以及故障变化趋势；最后，建立变压器设备振动、温度、电磁物理场模型，实现变压器设备的多物理场仿真建模。变压器绕组仿真建模图如图6-14所示，变压器油温仿真建模图如图6-15所示。

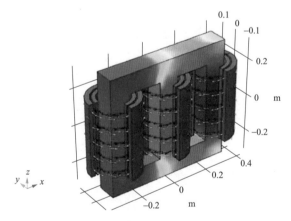

图6-14 变压器绕组仿真建模图

（2）数字孪生变压器孪生体数模映射融合。数字孪生变压器孪生体数模映射融合包括数模孪生体构建和多元模型融合。

在数模孪生体构建方面，将变压器的可见光、红外、紫外、声纹、局部放电、油色谱等传感监测数据、设计属性数据及台账资产数据等交互映射到变压器数字孪生模型中，通过多源数据融合的变压器数字化建模，实现全息状态数据映射融合的数据＋模型的变压器设备数模孪生体。数据与模型映射融合的变压器数模孪生体如图 6-16 所示。

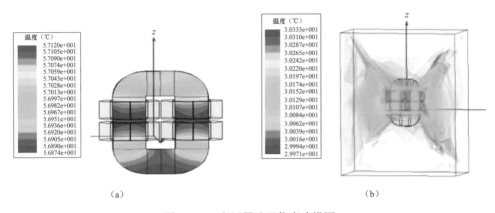

（a）　　　　　　　　　　　　　　　　　　　（b）

图 6-15　变压器油温仿真建模图

（a）变压器铁芯温度场；（b）变压器油温度场

图 6-16　数据与模型映射融合的变压器数模孪生体

　　在多元模型融合方面，通过变压器设备的多物理场模型仿真，分析设备运行时振动、温度、电磁等物理场分布规律和变化趋势，结合数模孪生体动态更新技术与渲染引擎功能，对变压器设备运行时在数字孪生体中的物理场分布实时渲染，实现变压器设备多物理场模型与数字孪生体模型的动态融合，可视化交互变压器设备的多物理场分布和变化趋势，为运维人员提供全过程沉浸式辅助诊断。

首先，通过变压器设备多物理场模型仿真分布，绘制相应物理量的变化网格线，形成 Mesh 图元文件；然后，电力数字孪生平台通过图元解析功能解析 Mesh 图元，将对应物理场的数据按照类型标识（实物 ID 结构命名法）进行存储；最后，通过渲染引擎，将多物理场分布在数字孪生体中实时渲染，实现多物理场模型和数字孪生体的动态融合建模，最终形成变压器设备实时状态数据、多物理场模型、数字孪生体及态势感知预警数据等多元数模融合的动态混合孪生模型。

（3）数字孪生变压器孪生体自运行。单独运用模型驱动或数据驱动的方法均不能满足变压器设备自运行诊断分析的智能化和时效性需求。模型驱动方面，采用事先建立的简化机理模型或仿真模型无法满足在复杂环境下变压器仿真模型数据动态更新的性能要求；数据驱动方面，数据驱动的 AI 模型方法虽一定程度上提高了数据处理实时性，但不能描述客观物理约束规律，使得数字化模型不充分、不完整。

电力数字孪生平台可以从多尺度、多角度对变压器进行全面、综合、真实地自运行仿真建模和计算分析，通过机理模型、仿真模型、AI 算法模型的混合驱动方式进行变压器高逼近仿真，在电力数字空间中实现变压器设备复杂工况下部件级及设备级性能的诊断预测与辅助决策。通过融合物理规律、机理模型、仿真模型及人工智能算法等，动态计算、仿真、分析和预测变压器设备的运行状态、变化趋势、未来态势等，建立"模-数"融合驱动的双层迭代智能化预测性运维模型，有效提高预测准确性和时效性，可更快地检测变压器设备故障，更高精度地模拟变压器设备运行态势，实现多物理量和多时间维度的变压器设备状态诊断与分析预测，实现数字孪生变压器孪生体自运行。多模型混合驱动的变压器自运行如图 6-17 所示。

（4）数字孪生变压器孪生体反促动。数字孪生变压器孪生体反促动指在变压器设备全寿命周期中，当设备损坏更换、升级更新或技术改造时，传统变压器设备运维通过人工干预的方式进行手动更新，数字孪生变压器能够通过虚实双向智慧协作互动的方式实现虚实之间的迭代优化，以达到反促动的效果。

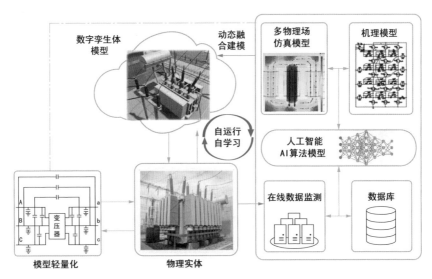

图 6-17 多模型混合驱动的变压器自运行

首先，通过物联感知动态跟踪变压器参数变化、性能变化、状态变化等，使变压器管理、检修、运行由实入虚，在电力数字空间动态更新数模孪生体，保持时空一致；然后，通过数字孪生体自运行对物理变压器变化导致的显性问题或潜在风险进行分析预测，对变压器建模仿真、状态分析、故障研判和实时推演，并由虚入实，辅助决策指导物理变压器检修维护，进行变压器运行状态优化；最后，更新后的物理变压器再次将指导结果映射到数字孪生变压器，进行模型重建、校正更新与逆向迭代。如此虚实迭代，持续优化，形成孪生反促动优化的数字孪生变压器。

2. 单元级典型应用场景—数字孪生变电站

（1）数字孪生变电站孪生体建模。数字孪生变电站孪生体建模包括变电站物理实体模型和变电站系统模型两个方面，变电站物理实体模型主要由变电站电气设备设施模型、站内建筑、附属设置、周边环境等要素的三维结构模型构成；变电站系统模型是电力系统动态分析和安全控制的基本工具，也是用于指导变电站运行的基本依据。

在变电站物理实体模型构建环节，以三维激光扫描获取精确的点云数据为对象，通过快速、连续、准确提取点云中建模信息，结合复杂动态环境全景连续性建模技术，实现建筑结构孪生、室内环境孪生、周边地形地理孪生等变电站静态孪生模型建设，以及天气与时间等动态环境效果孪生模型建设。首先，通过三维激光点云建模技术，融合城市信息模型、建筑信息模型、电网信息模型，通过设计、视觉和激光的多源数据综合重构，应用视觉惯性技术实现场景数字孪生粗模构建；然后，使用 Revite、SketchUp、Bentlye 等软件对室内外三维场景进行细节精细化重建；最后，基于 OpenGL、GPU 的场景与图形渲染技术，实现大场景数据模型的实时渲染。变电站室外场景建模如图 6-18 所示。

图 6-18　变电站室外场景建模

在变电站系统模型构建环节，通过基于元件机理、测量辨识、仿真拟合三种途径实现变电站系统模型创建。基于元件机理建模是按照基本的物理、化学等定理和定律导出模型方程，再采用数值计算方法来获得参数，该方法具有激励内涵，模型参数的物理概念清晰，便于分析和应用；基于测量辨识的方法建模是通过测量建模对象的运行或实验数据来辨识模型，无需确切知道系统的内部结构和参数,用现场辨识测试进行动态建模,可自然计及运行中的实际因素,适用于物理机理尚不明确或难以用简单规律描述的动态过程;基于仿真拟合的方法则是根据某次干扰下实测获得的反馈系统动态行为的曲线,结合模型未知参数及典型参数对实际系统事故进行仿真,之后根据仿真输出的曲线与实际曲线进行比对分析,通过修正参数得到最优拟合曲线,以此得出变电站系统运行的参考模型。

(2)数字孪生变电站孪生体数模映射融合。在数字孪生变电站中,对物理变电站实际运行状态及业务流程实时映射,形成反映物理变电站运行过程中各阶段若干环节的数据-信息-知识流动、融合与受控互操作链条,具体可分为流程映射和数据映射两种类型。

流程映射是在数字孪生体中,实现对物理变电站实际运行状态及业务流程的映射,以便变电站运行过程中出现异常情况时,提供预警信息并在人工干预情况下通过促动措施展开实际行动,推动实际流程流转。

数据映射是在变电站数字孪生体中对模型与数据进行关联,包括基础数据(如台账、设备基本属性等)映射,运行监测数据映射、检修试验数据映射、自动化数据映射、信息通信数据、安全管理数据、环境数据映射等。

(3)数字孪生变电站孪生体自运行。按照自运行程度,数字孪生变电站孪生体自运行可分为初级与高级两个层次。

初级层次是"自记录"变电站数字孪生体,基于数字孪生变电站模型,导入动态数据及动态流程,实现了变电站运行过程的动态孪生。数字孪生变电站模型通过数据、状态、流程更迭与物理变电站保持一致,详细、准确地记录变电站历史运行状态、实时状态,实现对已发生故障的模拟与告警,为变电站运行监控及故障分析提供数据支撑。

高级层次是"自思考"变电站数字孪生体,这一层级的数字孪生体不仅具备了变电站历史状态记录功能,还借助变电站系统机理、数据驱动智能算法、专家经验模型等方法手段,实现"自思考",根据现阶段变电站运行状态来推算、模拟、预测变电站可能出现的异常状况，并提前预警，为变电站的运维模式从传统的"后知后觉"转变为"先知先觉"提供支撑。

（4）数字孪生变电站孪生体反促动。数字孪生变电站在"人-机-物"虚实双向智慧协作下，通过从虚到实开展变电站反促动迭代优化。

首先，通过孪生体建模、状态映射及自运行技术，开展物理变电站的数字孪生体构建，变电站管理、检修、运行由实入虚，且动态更新，保持时空一致；然后通过数字孪生体的仿真推演，对物理变电站变化带来的问题或风险进行分析预测，并由虚入实，辅助决策指导物理变电站进行运行状态优化；最后，更新后的物理变电站会再次将指导结果映射到变电站数字孪生体，进行模型重建、校正更新与逆向迭代。如此虚实迭代，持续优化，不仅推动了数字孪生变电站自运行，更形成了数字孪生变电站反促动自我进化。

3. 系统级典型应用场景—调度全时空平台

（1）调度全时空平台建模与可视化。基于时空匹配，融合电网设备、运行、环境等多维信息资源，提升电网信息感知能力，构建"四维"数字电网孪生模型，充分应用于保障大电网安全运行。应用 GIS 二三维、SVG 矢量等可视化技术，构建地理和网架拓扑的联动功能，实现多维度信息全景可视、互动可控、"一眼看透"和掌控电网，提升大电网运行综合监视能力。调度全时空平台全景监视如图 6-19 所示。

图 6-19　调度全时空平台全景监视

（2）调度全时空平台故障研判与拓扑重构。通过构建强对流、雷电、山火、微拍等风险预警模型，计算地理空间，快速定位形成设备故障集，实现设备故障在线预判，为电网事故后处理争取时间。应用计算机图论技术重构电网拓扑图论模型，从搜索全覆盖视角构建了电网薄弱断面搜索算法包，研发了薄弱断面分析功能，为电网风险评估提供技术支撑。

（3）调度全时空平台智能化预警。针对边界等值引起在线分析准确性不高的问题，构建涵盖跨省大电网准实时仿真计算全模型，为大电网风险智能预警提供支撑能力。此外，构建"环境状态感知-故障集生成-在线仿真分析-电网辅助决策"的全流程智能化预警预控功能应用，辅助协同各部门各单位开展预警故障应急处置，提升大电网安全稳定水平。

参考文献

[1] 陶洪铸，翟明玉，许洪强，等. 适应调控领域应用场景的人工智能平台体系架构及关键技术 [J]. 电网技术，2020，44（2）：412－419.

[2] 黄安子. 电力人工智能开放平台关键技术研究及应用 [J]. 自动化与仪器仪表，2020（5）：189－192.

[3] 吴石松，林志达. 云边协同的电网企业人工智能平台构建设计 [J]. 自动化与仪器仪表，2020（11）：141－144＋148.

[4] 郑楷洪，徐兵，肖勇，等. 交互式电能量大数据人工智能平台构建 [J]. 南方电网技术，2019，13（8）：52－58.

[5] 国家电网有限公司. 电力人工智能应用白皮书 [R]. 2020.

[6] 唐文虎，牛哲文，赵柏宁，等. 数据驱动的人工智能技术在电力设备状态分析中的研究与应用 [J]. 高电压技术，2020，46（9）：2985－2999.

[7] 赵鹏，蒲天骄，王新迎，等. 面向能源互联网数字孪生的电力物联网关键技术及展望 [J/OL]. 中国电机工程学报：1－13.

[8] 相晨萌，曾四鸣，闫鹏，等. 数字孪生技术在电网运行中的典型应用与展望 [J]. 高电压技术，2021，47（5）：1564－1575.

[9] 沈沉，曹仟妮，贾孟硕，等. 电力系统数字孪生的概念、特点及应用展望 [J/OL]. 中国电机工程学报：1－14 [2021－12－24].

［10］ 杨帆，吴涛，廖瑞金，等. 数字孪生在电力装备领域中的应用与实现方法［J］. 高电压技术，2021，47（5）：1505－1521.

［11］ 刘亚东，陈思，丛子涵，等. 电力装备行业数字孪生关键技术与应用展望［J］. 高电压技术，2021，47（5）：1539－1554.

［12］ 沈沉，贾孟硕，陈颖，等. 能源互联网数字孪生及其应用［J］. 全球能源互联网，2020，3（1）：1－13.

［13］ 白浩，周长城，袁智勇，等. 基于数字孪生的数字电网展望和思考［J］. 南方电网技术，2020，14（8）：18－24＋40.

［14］ 汤蕾，陆兴海. 面向"共智"的配电网数字孪生评价系统［J］. 中国电业，2020（11）：100－101.

［15］ 潘博，张弛，张华，等. 数字孪生变电站在电网企业数智化转型的探索与应用［J］. 电力与能源，2020，41（5）：558－560＋590.

［16］ 中国电子技术标准化研究院，树根互联技术有限公司. 数字孪生应用白皮书［R］. 2020.

［17］ 安世亚太科技股份有限公司，数字孪生体实验室. 数字孪生体技术白皮书［R］. 2019.

［18］ 国家电网有限公司，北京国网信通埃森哲信息技术有限公司. 能源互联网数字孪生顶层设计［R］. 2021.

第7章 电力数字空间安全防护与能源生态

本章阐述了电力数字空间信息安全体系和能源生态体系建设的总体框架，分别介绍了信息安全防护体系架构以及生产控制大区、管理信息大区和互联网大区安全防护方案设计，能源生态构建方案及典型应用案例。

7.1 信息安全防护体系

7.1.1 概述

我国电力系统依托"安全分区、网络专用、横向隔离、纵向加密"信息安全防护总体方针有效地保障了生产、管理安全。随着新型电力系统的建设，发电设备和用能设施数量将呈爆发式增长，同时海量终端不断接入电网，使得原有安全边界变得模糊，网络暴露面增加，攻击者可利用网络安全漏洞，以防护薄弱环节为跳板，绕开基于边界安全的防护体系，侵入电力系统进行攻击破坏。

根据《信息安全技术 网络安全等级保护基本要求》（GB/T 22239—2019）和《电力物联网全场景安全技术要求》（Q/GDW 12108—2021），将电力系统网络分区划分为生产控制大区、管理信息大区、互联网大区。生产控制大区主要承载电力数据采集监控、能量管理、配电自动化和变电站自动化等业务；管理信息

大区主要承载生产管理、营销管理、协同办公、综合能源、光伏云网等业务；互
联网大区主要承载外网网站、外网邮件、电力交易、车联网、互联网金融等业
务。各分区独立负责本区域内的安全防护，跨区跨界数据交互需通过安全隔离装
置、安全接入网关。

7.1.2 总体架构

基于"可管可控、精准防护、可视可信、智能防御"原则，信息安全防护总
体架构包括网络分区边界安全防护、生产控制大区安全防护、管理信息大区安全
防护、互联网大区安全防护以及通用防护，其中生产控制大区沿用《电力监控系
统网络安全防护导则》（GB/T 36572—2018），管理信息大区和互联网大区信息
安全包含感知层、网络层、平台层和应用层安全防护。电力系统信息安全防护体
系架构如图 7-1 所示。

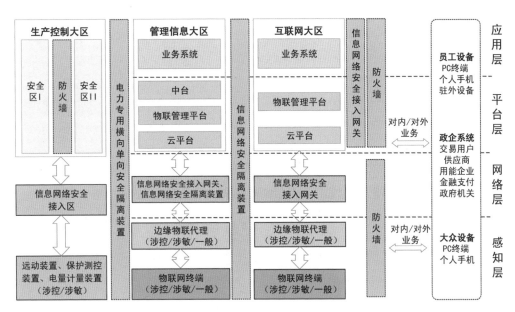

图 7-1 电力系统信息安全防护体系架构图

1. 网络分区边界安全防护

生产控制大区横向与管理信息大区通过电力专用单向安全隔离装置进行连

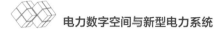

接，纵向采用电力专用纵向加密认证装置或加密认证网关及相应设施与远动装置、保护测控装置、电量计量装置连接；管理信息大区与互联网大区通过信息网络安全隔离装置进行连接，纵向通过防火墙和信息网络安全接入网关与边缘物联代理、物联网终端连接；互联网大区纵向通过防火墙、信息网络安全接入网关与边缘物联代理、物联网终端连接；同时，互联网大区作为连接互联网的唯一出口，在出口处部署防火墙、入侵防御系统、应用层防火墙、流量监控、未知威胁监测、分布式拒绝服务防护等必要的安全监测和防护设备。

2. 生产控制大区安全防护

按照国家能源局《电力监控系统安全防护总体方案》，生产控制大区分为安全区Ⅰ，安全区Ⅱ，其中安全区Ⅰ直接实现对电力一次系统的实时监控，纵向使用电力调度数据网络或专用通道，是安全防护的重点与核心；安全区Ⅱ不具备控制功能，使用电力调度数据网络，与安全区Ⅰ的业务系统或其功能模块按需交互。

生产控制大区安全防护总体要求为：

（1）禁止生产控制大区内部的电子邮件服务，禁止控制区内通用的网络（Web）服务。

（2）允许非控制区内部业务系统采用浏览器/服务器（browser/server，B/S）结构，但仅限于业务系统内部使用。允许提供纵向安全 Web 服务，但应当优先采用专用协议和专用浏览器的图形浏览技术，也可以采用经过安全加固且支持超文本传输安全协议（hyper text transfer protocol over secure socket layer，HTTPS）的安全 Web 服务。

（3）生产控制大区重要业务（如三遥、实时电力市场交易等）的远程通信应当采用加密认证机制。

（4）生产控制大区内的业务系统间应该采取虚拟局域网和访问控制等安全措施，限制系统间的直连互通。

（5）生产控制大区的拨号访问服务，服务器和用户端均应当使用经国家制定部门认证的安全加固的操作系统，并采取加密、认证和访问控制等安全防护措施。

（6）生产控制大区边界上可以采用入侵检测措施。

（7）生产控制大区应当采取安全审计措施，把安全审计与安全区网络管理系统、综合告警系统、入侵检测系统（intrusion detection system，IDS）、敏感业务服务器登录认证和授权、关键业务应用访问权限相结合。

（8）生产控制大区内主站端和重要的厂站端应该统一部署恶意代码防护系统，采取防范恶意代码措施。病毒库、木马库以及 IDS 规则库应经过安全检测并应离线进行更新。

3. 管理信息大区及互联网大区安全防护

（1）感知层安全防护。

1）边缘物联代理安全。针对管理信息大区部署的边缘物联代理，通过集成密码模块，基于统一密码基础设施进行数字证书和密钥管理，支持国家密码管理部门认可的密码算法，实现底层设施的安全性强化；边缘物联代理通过对自身应用、固件等重要程序代码，以及重要操作的数字签名和验证功能，并支持远程安全升级与版本安全更新以及升级失败回退功能，和自身安全监测和分析功能，与物联管理平台进行协同联动，实时将相关风险及时上报物联管理平台，实现软件层面的安全性强化；边缘物联代理按照等保要求实现物理安全防护，重点防止物理破坏，日常关闭设备调试接口以及闲置端口，防范非法接入，实现边缘物联代理本体的安全性强化。

针对互联网大区部署的边缘物联代理，基于公钥基础设施（public key infra-structure，PKI）技术体系，采用国产商用密码算法，通过信息网络安全接入网关进行安全接入。边缘物联代理配备闪存（trans - flash，TF）卡或安全芯片等经过认证的硬件加密介质，与信息网络安全接入网关之间建立经过认可的安全加

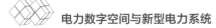

密传送通道，实现双向认证与加密传输。App 应用与应用服务之间应开展应用层身份认证，确保 App 应用接入安全。

2）物联网终端安全。物联网终端与边缘物联代理交互时，采用抗干扰性强的通信协议，并按需实现身份认证和通信数据加密传输，防范通信数据被窃听或篡改。

（2）网络层安全防护。网络层的安全防护通过在网络流量关键出口处加强安全审计和监控，实时监测安全异常情况。

针对管理信息大区的安全接入，采用自建光纤专网、电力无线专网、租用的网络接入点（access point name，APN）和第三方专线作为网络接入通道；边缘物联代理、物联网终端等设备，在采用无线方式接入管理信息大区时，需结合业务应用需求采用电力物联网安全接入网关、信息网络安全隔离装置实现双向认证和加密传输。针对互联网大区的安全接入，需采用电力物联网安全接入网关实现双向认证和加密传输。

如无法通过信息网络安全接入网关进行安全接入，应在管理信息大区外或互联网大区外设置安全接入区，安全接入区内部署前置服务器，通过前置服务器进行协议转换和数据中转，并且前置服务器应与信息网络安全接入网关实现双向认证和加密传输。管理信息大区的前置服务器应基于统一密码基础设施进行身份认证和加密保护，应能够对下连终端进行安全接入管理。互联网大区的前置服务器应参照边缘物联代理安全要求实行防护。

（3）平台层安全防护。云平台遵照国家网络安全等级保护要求中相应等级的安全通用要求和云安全扩展要求实施防护。云平台和云租户的业务应用系统作为不同的定级对象分别定级，云平台不得承载高于其安全保护等级的业务应用系统；云平台需提供开放接口或开放性安全服务，允许云服务客户接入第三方安全产品或在云计算平台选择第三方安全服务。云平台需提供安全管理中心，实现访问控制、多租户安全隔离、流量监测、身份认证、数据保护、镜像加固校验、安全审计、安全态势感知等功能。

物联管理平台在管理信息大区和互联网大区独立部署，管理信息大区的物联管理平台和互联网大区的物联管理平台不直接互联，通过信息网络安全隔离装置实现数据安全交互。物联管理平台部署防火墙用于进行访问控制和地址映射，部署应用层防火墙用于对超文本传输协议（hyper text transfer protocol，HTTP）、HTTPS、消息队列遥测传输（message queuing telemetry transport，MQTT）等应用层协议进行防护，以及部署攻击溯源系统、流量分析系统、入侵检测系统对出入此区信息进行安全检测及防护，保障数据业务的传输安全和物联管理平台的本体安全。物联管理平台应与网络安全管控系统进行对接，纳入统一安全监测体系，实现对物联管理体系的安全有效监控。

（4）应用层安全防护。应用层远方集中控制业务对于直接控制指令和控制策略批量下发的安全要求相同。对于控制方要采用严格的身份认证如数字证书技术，确保操作人员身份合法性，除网络层通过安全接入网关保障远程控制通信通道安全外，应用层应通过业务证书对控制指令或控制策略文件进行加密保护。被控方也需要通过接入的合法身份确认，同时具备对控制指令或控制策略文件的加解密能力。

4. 通用安全防护

通用安全防护包括统一密码基础设施、统一密码服务平台。

统一密码基础设施包含对称密钥管理系统、数字证书系统，为统一密码服务平台提供基础服务支撑。

（1）对称密钥管理系统。密钥管理系统是信息密码安全的基础，其在密钥的产生、存储、分配、更新、销毁等密钥全生命周期过程中保证密钥的安全。数据在双向传输过程中，均需采用对称密钥加密，基于共同保存的对称密钥，保证彼此密钥交换的安全可靠，同时还设定了防止密钥泄密和更改密钥的程序。通过将所有加密密钥均加密存储在服务器上，用户向服务器发送密钥请求，便能访问服务器拿到密钥，并且用户和服务器的通信均通过公钥体系认证并加密，使得密钥管理高效合理、安全可靠。

（2）数字证书系统。数字证书对网络用户在计算机网络交流中的信息和数据等以加密或解密的形式，保证了信息和数据的完整性和安全性。通过数字证书系统，在申请证书时将实现对终端设备信息互验，一旦更换访问终端，将无法获取数据信息，同时针对不同身份赋予不同的访问权限，若不同用户访问，由于用户无证书备份，将无法实施操作，保证信息安全。

（3）统一密码服务平台。统一密码服务平台包含平台端服务、平台客户端两部分。其中平台服务端主要包括前置路由模块、证书服务模块、密码服务模块、扩展模块、时间戳模块和平台管理模块，提供身份认证、密钥管理、密码运算、证书管理、平台管理等服务；平台客户端采用 B/S 架构，平台运维人员、业务系统用户通过客户端浏览器登录，访问服务器的系统监控、运维管理、运营管理、系统管理等平台管理服务。统一密码服务平台为物联管理平台提供身份认证、密码运算、证书生成、证书签发、证书更新、证书吊销、企业证书托管、电子签章等服务，满足未来业务发展带来海量物联网终端身份认证需求，实现业务系统密码应用的统一归口管理，为各项业务应用提供稳定高效的密码服务保障。

7.1.3 典型场景安全防护设计

1. 输电类业务

输电类业务安全防护涉及线路状态实时感知与智能诊断、自然灾害全景感知与预警决策、空天地多维融合及协同自主巡检、线路检修智能辅助与动态防护、高压电缆全息感知与智能管控等典型应用。

终端类型方面，包含传感终端、汇聚节点、边缘物联代理、无人机、机器人、摄像头图像/视频监控、移动作业等终端。输电领域一般传感终端不涉控，仅无人机为涉敏不涉控终端，这些传感终端通过无线网络（如微功率、低功耗无线传感网）接入感知层时，容易被仿冒，需加强身份鉴别，避免异常接入。

数据保护方面，地理坐标等空间数据、设备名称及线路参数等属性台账，这些业务敏感数据在感知层通过无线网络传输时，容易被篡改或窃取，需加强数据保护。

通道接入方面，架空线路业务主要基于运营商 APN 无线专网接入互联网大区，针对涉控涉敏业务应通过物联安全接入网关高端型实现安全接入；高压电缆/地下管廊业务主要基于电力光纤专网有线接入附近的变电站，少量采用电力无线专网接入的应通过物联安全接入网关高端型实现安全接入。

2. 变电类业务

变电类业务安全防护涉及变电站主设备状态感知在线监测、变电站运行环境感知监测、变电站智能巡检系统、变电主辅设备智能联动采集、变电运检人员作业行为智能管控采集等。

终端类型方面，包含灯光控制、暖通控制等涉控传感终端，以及水侵、气象、油气压力等非涉控传感终端，巡检机器人、北斗穿戴、移动作业、视频监控等一般终端。

数据保护方面，涉控传感终端存储和传输数据（如控制参数、定位信息）时，需采用硬件国产密码算法实现数据加密。

通道接入方面，视频监控、巡检机器人（经物联安全接入网关）采集的视频图像类数据接入在线智能巡视系统，进行图像识别、分析判断等边缘计算，分析结果上传至物联管理平台；无线传感边缘物联代理对各类传感器数据进行边缘计算，并将处理后结果上传至物联管理平台。具备物联安全接入网关接入条件时，各类无线终端、汇聚节点应直接接入或经边缘物联代理接入网关访问站内网应用；不具备物联安全接入网关接入条件时，以状态感知功能为主的非涉控无线传感器以非 IP 通信方式接入边缘物联代理时，该边缘物联代理可经站内有线网络直接访问站内内网应用。对于无变电站内本地接入需求的业务如涉密移动作业终端、视频图像终端，采用运营商 APN 专线或电力无线专网经过高端安全接入网关接入管理信息大区；非涉密移动作业终端可以采用运营商 APN 专线或电力无线专网直接接入互联网大区。

3. 配电台区业务

配电台区业务安全防护涉及配网状态全景感知系统、低压拓扑动态识别系统、状态在线评价与故障风险提前预警系统、故障快速处置与精准主动抢修系统、台区能源自治与电能质量优化系统、供电可靠性提升与影响因素定位等业务。

终端类型方面，包含台区融合终端、传感终端、低压监测单元、分布式电源监测终端等。其中，涉控终端有分布式电源监测终端等，这些涉控终端通过无线网络（如微功率/低功耗无线）接入感知层时，需加强身份鉴别。

数据保护方面，参数设置、控制命令等业务敏感数据在感知层通过无线网络传输时，需采用国密算法加强数据保护。

通道接入方面，台区融合终端等通过电力无线专网、运营商 APN 专网接入管理信息大区时，容易被仿冒，数据容易被窃取、篡改，需加强网络边界安全防护。

4. 用电业务

用电业务安全防护涉及用电信息采集、用电运维、自助收费、电动汽车及分布式能源服务、客户侧能源设备状态监视、客户用能监测、能效诊断及用能优化、能源托管及智能运维、需求响应及源网荷储互动等业务。

终端类型方面，包含采集（控制）终端、集中器、专变终端、能源控制器、现场移动作业终端、移动办公终端、自助缴费终端、电动汽车充电设施、智能电能表、水表、气表、热表、环境采集传感设备、配电系统及设备、光伏系统及设备、中央空调系统及设备、供热系统及设备、供冷系统及设备、给水系统及设备、分布式能源管理终端、家庭智慧用能管理终端等，其中涉控终端包括智能电表、负控终端、专变终端、能源控制器、光伏系统及设备、中央空调系统及设备、供热系统及设备、供冷系统及设备、给水系统及设备等。

数据保护方面，须重点考虑敏感数据的信息安全，敏感数据主要包含用户名称、用户编号、证件号码、用户地址、联系电话、查询密码、设备台账、参数设置、控制策略、银行卡号、存折账号、增值税税号、增值税账号等信息，该信息传输时需采用国密算法加强数据保护。

通道接入方面，网络层由电力光纤专网、运营商 APN 专网、电力无线专网和互联网等通道组成，采集终端、融合终端、能源控制器和其他的边缘物联代理通过电力无线专网、运营商 APN 专网接入管理信息大区或移动用户通过互联网接入互联网大区时，容易被仿冒，其传输的数据容易被篡改或窃取，需加强网络边界安全防护。

7.2 能源生态体系

7.2.1 概述

能源生态体系深度融合了能源生产、传输、存储、消费及能源市场，涵盖了源网荷储各环节用户、上下游及内外部企业等主体，以电力为基础，优先利用可再生能源，通过多种能源协同、供应与消费协同、集中式与分布式协同、大众广泛参与，实现物质流、能量流、信息流、业务流、资金流、价值流的优化配置，实现能源系统更高质量、更有效率、更加公平、更可持续、更强安全。

7.2.2 构建方案

电力数字空间能源生态基于分布式光伏服务、综合能效服务、电动汽车服务、能源电商服务、数据商业化服务、线上产业链金融及电工装备服务七大子生态圈，以能源供应者、能源消费者、储能供应者、政府部门为核心，以各类服务商、运营商、行业协会、跨界竞争合作者为支持，结合技术、经济、法律、社会、政策环境为支撑，助力新型电力系统价值创造，带动上下游及内外部企业协同发展，如图 7-2 所示。

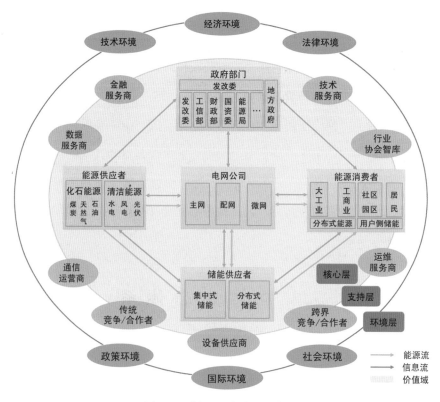

图 7-2 能源生态关系示意图

（1）分布式光伏服务生态圈通过汇聚电站侧、电网侧设备运行、气象气候、负荷能耗等数据，实现数据全面接入，状态全息感知、服务全新周到、开放合作共享。

（2）综合能效服务生态圈通过聚合能源服务商、储能及设备供应者、政府部门、能源消费者等产业，形成共建共赢、开放共享、有序竞争、协同进化的商业共同体。

（3）电动汽车能源生态圈通过优质充电服务，全面聚合政府部门、设备部门、通信运营商等各方资源，推动跨行业信息融合与业务贯通。

（4）能源电商服务生态圈通过聚集客户、数据、生态资源，构建全域物联、全景服务、全链增值、全面降本、全民电气的五全发展路径，提供共建共治共享共赢的能源电商新零售服务。

（5）数据商业化服务生态圈通过对外服务与对内服务相结合方式，充分挖掘数据价值，研发数据增值产品，探索数据增值变现商业模式，实现电力数据商业服务。

（6）线上产业链金融生态圈通过汇聚资金、资产各类资源，聚合金融服务商的资金融通、资产管理等服务，创新业务场景、提高交易效率、优化客户体验，深度释放各类资源价值，实现全方位、一站式产业链。

（7）电工装备服务生态圈通过采集储能、设备、能源供应商产品生产、质量控制、成品试验等信息，将电工装备企业与设备有机结合，构建电工装备互利共赢生态。

7.2.3 典型应用场景

在新型电力系统中，除了电网企业和发电企业，还有政府部门、新能源运营商、通信企业、互联网企业、金融等政府企业或个人参与到电网新业态中，电网优势资源商业化不仅可以促进电网企业盘活资源，还能够培育新的利润增长点，成为电网企业探索商业模式的一个主要方向；另外，新型电力系统基础资源包括了变电站、充电站、储能站、杆塔、管廊等，分布在城市各处，与通信运营商、互联网企业、充电站/储能站运营商等共同为智慧城市提供基础服务。基于电网基础设施资源的数字化运营解决方案如图 7-3 所示。

1. 与通信运营商及互联网企业合作

（1）与通信运营商合作。随着通信运营商 5G 通信网络的建设、商用和逐步推广应用，各大运营商目前存在着 5G 建站及站址需求与建设能力及进度不匹配、5G 客户应用场景获取难度大和精度要求高、5G 网络现场运维能力不足等问题。基于变电站电力基础设施部署 5G 基站，在变电站楼面部署 5G 天线，复用变电站机房机柜及电源部署 5G 基站设备，配套专业队伍提供代维服务将 5G 基站

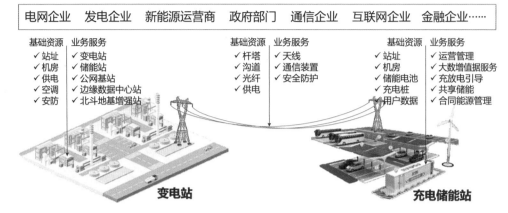

图 7 - 3　基于电网基础设施资源的数字化运营解决方案

运维纳入变电站整体运维体系，不仅能够有效解决 5G 基站建设密度大、选址难的问题，还可减少土地、管道、传输、电力等资源的大量投入，降低 5G 网络部署成本，提升 5G 网络服务质量及安全稳定运行水平，同时大幅缩短建站建设周期。

（2）与互联网企业合作。8K 超高清视频、增强现实/虚拟现实沉浸式互动体验、云游戏等大流量数据上传和下载占用极大的通信带宽资源，容易造成网络的拥堵甚至崩溃。车联网、远程医疗等行业应用响应和交互，需要毫秒级的通信传输时延，通过就近消化业务来缩短传统从端到云的传输距离。因此，基于分散、广泛部署的变电站建设面向互联网企业的边缘数据中心，提供边缘算力资源服务，帮助互联网企业降低运营成本，实现新兴业务场景。在边缘数据中心模式下，在靠近互联网企业客户的变电站侧构建业务平台，提供存储、计算、网络等资源，将部分关键业务应用下沉到变电站所在的接入网络边缘，减少网络传输和多级转发带来的带宽与时延损耗，更好地支撑高密度、大带宽和低时延互联网业务。

2. 与充电站/储能站运营商合作

（1）与电动汽车充换电站合作。电动汽车充换电站运营的内容包括充换电厂站及设施的建设、运营和维护，在充电市场发展中通过不断探索合理的商业模式，解决当前盈利能力差、投资回收期长、服务质量不高等问题；通过多方资源整合及多主体之间合作，打通充电设施产业链各个环节之间的联系，增强充换电站盈利能力，降低建设运营风险，提升市场竞争力。例如，电力企业、中间服务商、生态服务商之间合作，能够为用户提供多样化、人性化、智能化服务，满足电动汽车用户需求。具备综合服务模式的充换电站，不仅能够解决用户充电问题，提高运营效率，更能创造广阔价值空间，提高运营收益。这种合作模式下的全面服务需要综合多个平台来实现，为平台提供者创造了投资机会和盈利方式，也为相关企业提供了增值服务。

（2）与储能电站合作。储能电站运营的内容包括围绕储能电站建设和运营，构建各利益相关方协同合作的工作模式，推动多方资源共同参与、优势互补、实现共赢。储能电站的投资主体以第三方资本为主，以灵活、机动的方式激发储能电站的运营活力，通过提供备用容量、新能源配套储能租赁服务、电力辅助服务等多元化商业模式，推广储能增值服务。例如，以综合能源公司作为储能市场中各利益主体的牵头方开拓市场，与设备厂商签订相关合同，落实储能电站项目的建设、运营维护、收益分配等；供电公司主要负责提供储能电站场地、业扩报装、并网调度、协助运维等工作；设备厂商负责建设及设备日常运维等工作。综合能源公司、供电公司和设备厂商共同推动储能产业发展，缓解新能源消纳压力，提升电网安全稳定水平。

3. 为政府部门及客户提供服务

（1）服务政府机构。服务政府机构的内容包括基于用电行为和用电量大数据分析，结合人员、经济、地理等特征构建人口测算模型，测算出居民住宅的空置情况，通过对重点区域的分区画像和定位分析，辅助政府住房和城建部门实现对回迁率、房屋空置率等信息的精确掌握，从而指导相关调控政策的制定。此外，基于电力大数据分析的住房空置情况、人口流动情况等相关信息可以为人口普查工提供参考，使得电力大数据服务推动政府治理体系和能力提升。

（2）服务金融机构。服务金融机构的内容包括电力大数据具有实时性、真实性、连续性等特点，可以作为衡量企业正常经营的一个重要指标，不仅能够带动电力大数据价值的商业化应用，还能丰富金融机构的信用评价体系。通过电力大数据和金融数据相融合，构建金融实时风控系统用于对金融行业进行企业评价、监测和管理，通过"电力＋金融"大数据精确描绘电力企业客户全生命周期画像，实现贷前反欺诈、贷中授信辅助、贷后监控预警等金融风控能力。

参考文献

[1] 杨黎斌. 网络信息内容安全 [M]. 北京：清华大学出版社，2016.

[2] 中华人民共和国国家发展和改革委员会. 电力监控系统安全防护规定 [EB/OL]. http：//www. gov. cn/gongbao/content/2014/content _ 2758709. htm. 2014.

[3] 国家能源局. 电力监控系统安全防护总体方案 [EB/OL]. http：//jsb. nea. gov. cn/ eWebEditor/webpic/2015312105149199. pdf.

[4] 张涛，赵东艳，薛峰，等. 电力系统智能终端信息安全防护技术研究框架 [J]. 电力系统自动化，2019，43 (19)：1－8＋67.

[5] 国家能源局. 电力行业网络与信息安全管理办法 [EB/OL]. http：//zfxxgk. nea. gov. cn/auto93/201408/t20140813 _ 1831. htm. 2014.

[6] 刘增明，崔雪璐，马靖，等. 基于零信任框架的能源互联网安全防护架构设计 [J]. 电力信息与通信技术，2020，18 (3)：15－20.

[7] 方圆，张永梅，郭洋. 电力行业移动互联网应用与安全防护分析 [J]. 智能城市，2020，6 (16)：54－55.

[8] 张显，史连军. 中国电力市场未来研究方向及关键技术 [J]. 电力系统自动化，2020，44 (16)：1－11.

[9] 蔡文璇. 电力产业链的能源生态圈发展路径 [J]. 中国电力企业管理，2019 (34)：92－93.

[10] 章珂，李庆生，李震. 能源节约与生态环境保护信息化体系建设 [J]. 数字技术与应用，2021，39 (5)：206－208.

[11] 王迪忻，张一泓，杨轩，等. 电网企业新业态商业模式与评价体系初探 [J]. 中国市场，2021 (23)：164－165.

第8章 电力数字空间典型创新 应用

本章围绕电源域主题馆、电网域主题馆、消费域主题馆、政府域主题馆介绍了电力数字空间 18 个典型的创新应用，阐述了创新应用的背景、实现方案及典型技术。

8.1 电源域主题馆创新应用

8.1.1 高比例分布式光伏接入应用

1. 背景

随着新型电力系统战略的提出，光伏发电作为能源领域重点方向迎来了快速发展。高比例分布式光伏出力波动较大，规模并网会带来发用匹配失衡、电能质量越限等问题，一定程度影响了配电网稳定运行、设备健康状态与用户用电安全，制约了配电网侧高比例分布式光伏消纳能力。为此需要攻克分布式光伏接入管控、配电网承载力评估、电能质量监测治理等技术难题，提出不同应用场景下分布式光伏并网方案，消除"盲调盲控"，实现分布式光伏"应接尽接"。

2. 实现方案

针对分布式光伏数量多、分布广、管控困难等特点，提出分布式光伏接入控制系统与台区智能融合终端"云边协同"的分布式光伏接入应用方案。其中：

边缘侧，实现分布式光伏数据的区域汇聚、本地分析、就地控制。以台区智能融合终端为核心，通过与能量路由器、光伏逆变器、并网断路器、智能电能表信息互动，实现分布式光伏并网、离网、平滑出力管控；与各类低压物联设备信息交互，实现电能质量综合治理、台区可开放容量分析等应用；与电动汽车充电桩、储能设备、智能电能表信息交互，实现多元负荷、储能协调优化等。

平台侧，实现分布式光伏数据深度挖掘、运行策略推演、跨台区群调群控及可视化展示。通过部署分布式光伏接入控制系统，与台区智能融合终端云边协同，实现多台区、规模化分布式光伏的集约管控、优化运行、协同消纳。

根据分布式光伏并网点电源、负荷特点，分布式光伏接入可分为三种场景：

（1）场景一：分布式光伏交流并网。针对直流用能设备、储能设备部署相对较少，不具备规模化直流组网条件的场景，可选择交流并网，采用全额上网或自发自用/余电上网方案，如图 8-1 所示。

全额上网用户：光伏组件产生的直流电经光伏逆变器转换为交流电后，全部接入交流配电网。公共连接点处安装智能电能表，用于计量用户发电量，智能电能表后安装并网断路器，用于实施并网、离网控制。

自发自用/余电上网用户：光伏组件产生的直流电经光伏逆变器转换为交流电后，优先供用户交流负荷使用，多余电能接入交流配电网；并网点处安装智能电能表，用于计量用户发电量，智能电能表后安装并网断路器，用于实施并网、离网控制；公共连接点处安装智能电能表，用于计量用户上网电量和用电量。

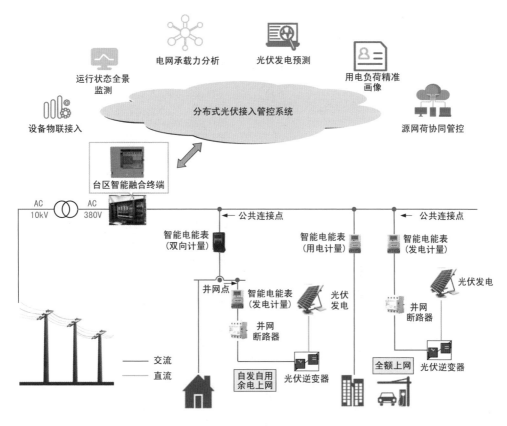

图 8-1　分布式光伏交流并网方案示意图

（2）场景二：分布式光伏台区内交直流混联并网。针对直流用能设备、储能
设备部署相对完善，具备规模化直流组网条件的场景，分布式光伏可采用交直流
混联并网方案，如图 8-2 所示。

台区内搭建 DC 750V 直流系统，光伏组件产生的直流电接入直流系统，直
流电有三种使用方式：①优先供用户直流负荷使用；②经光伏逆变器（自发自
用）转换为交流电后供用户交流负荷使用；③经能量路由器或电力电子变压器转
换为交流电后接入交流配电网。通过在台区内构建交/直流配网系统，有效平抑
光伏发电间歇性与随机性，改善台区电能质量，提升供电可靠性。

直流系统并网点处安装智能电能表，用于计量用户发电量，智能电能表后部署并网断路器,用于实施并网、离网控制;直流系统接入点处安装智能电能表,对于部署 V2G、储能用户(若有),计量用户用电量和上网电量,对于未部署 V2G、储能用户,仅计量用户用电量;交流配电网公共连接点处安装智能电能表,计量用户用电量。

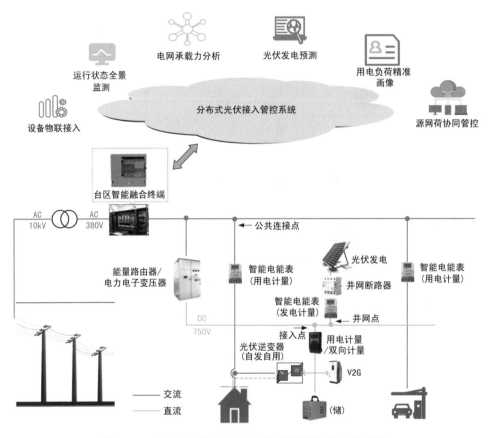

图 8-2 分布式光伏台区内交直流混联并网方案示意图

(3) 场景三:分布式光伏跨台区交直流混联并网。针对源、荷属性时间差异性较大相邻台区,分布式光伏可采用跨台区交直流混联并网方案示意图如图 8-3 所示。

跨台区搭建 DC 750V 直流系统,光伏组件产生的直流电接入直流系统,直流电能有三种使用方式:①优先供用户直流负荷使用;②经光伏逆变器(自发自用）转换为交流电后供用户交流负荷使用；③经能量路由器或电力电子变压器转换为交流电后接入交流配电网。台区间直流系统可按需切断、连接，通过直流与相邻台区进行互联，利用台区间源、荷属性的时空差异，实现台区间光伏电能资源共享、协同消纳。

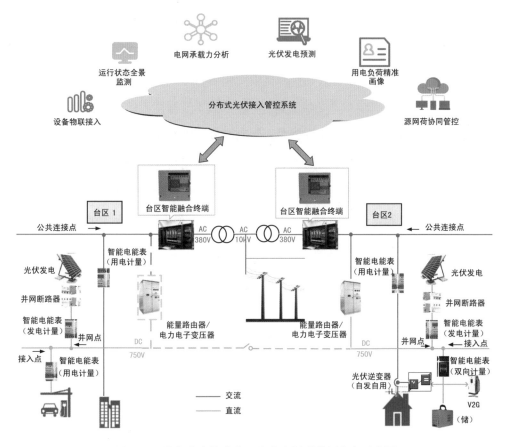

图 8-3 分布式光伏跨台区交直流混联并网方案示意图

直流系统并网点处安装智能电能表，用于计量用户接入直流系统的发电量，智能电能表后部署并网断路器，用于实施并网、离网控制；直流系统接入点处安装智能电能表，对于部署 V2G、储能用户（若有），计量用户用电量和上网电量，对于未部署 V2G、储能用户，仅计量用户用电量；交流配电网公共连接点处安装智能电能表，计量用户用电量。

3. 典型技术

（1）分布式光伏接入管控技术。分布式光伏接入管控技术指基于云平台及分布式光伏运行监控、发电分析、负荷预测等高级业务微应用，实现台区全场景监测、源网荷系统互动，促进清洁能源消纳。

（2）能量信息路由技术。能量信息路由技术是指基于功率变换、电气隔离、即插即用技术，利用主从控制和分层控制结合的能源路由协调控制策略，实现分布式光伏能源信息数据汇聚、分析、组网，以及交直流混联能量多向流动主动控制、多层级消纳。

（3）配电网可开放容量分析技术。配电网可开放容量分析技术指基于台区智能融合终端开展配电网分布式电源承载力分析，实现制约因素精准识别及最大可承载容量、最佳可承载容量精确计算，指导分布式光伏接入规划。

（4）分布式光伏电能质量治理技术。分布式光伏电能质量治理技术指针对大规模分布式光伏接入导致的电压双向越限、波动及闪变、谐波超标、三相不平衡越限、台区重过载等突出电能质量问题，开展电能质量问题成因识别，多时间尺度下考虑多台区协同的区域电网协同治理，实现大规模分布式光伏接入下区域电网电能质量治理与提升，保障分布式电源和电网的安全稳定运行。

8.1.2 光伏场站数字化服务应用

1. 背景

随着国家对新能源发展的政策支持，我国光伏场站数量急剧增多，大量第三方运营商加入光伏场站建设、运营行列。目前光伏场站运维主要采用人工模式，"两票三制"流程基于线下流转，存在管理粗放、运维成本高等问题，亟需构建光伏场站数字化、智能化运维服务体系。

光伏场站数字化服务基于大数据、人工智能、移动互联网等数字新技术，依靠智能化运维手段，可为光伏场站提供工作流引擎、运维全流程电子化管控、检修全过程智能化追踪等服务，有效支撑光伏场站安全化运行、精细化管理、高效化运维，同时降低运营成本，助力光伏产业发展。

2. 实现方案

光伏场站数字化服务应用主要由持久化数据存储、基础服务、业务应用、前端展示四部分组成。在持久化数据存储方面，通过与场站综合自动化系统及视频监控系统交互，实时获取场站的遥信、遥测及气象信息等相关数据，基于结构化、非结构化存储技术，在考虑历史归档、容灾备份的基础上，构建光伏场站数字化服务应用数据库，支撑应用系统数据高效率访问，保障信息安全可靠；在基础服务方面，基于业务中台，提供数据融合服务、工作流引擎、一站式移动化服务及可视化展示等微服务，便于快速构建、部署和整合，提高业务流程的灵活性；在业务应用方面，建设数字化员工、两票应用、智能运维、报表自动化、故障报送等微应用，全方位支撑光伏站端运维、投资商及终端用户等多级用户应用需求，实现光伏场站全生命周期的透明化管理和自动化运维；在前端展示方面，为工作站、大屏展示、移动端提供便捷的接入访问能力。光伏场站数字化服务应用方案示意图如图 8 - 4 所示。

（1）数字化员工。依托由数字化融合服务和报表自动化技术构成的数字化员工赋能引擎，结合光伏场站日常工作的实际业务需求，支持各类数字化员工应用、流程自动化应用的快速构建，为场站运维人员减负增效。

（2）两票应用。针对现场运维人员手工编制两票存在工作量大、编写不规范且缺少安全防误措施等问题，提供工作票/操作票编制、语法校验、电子化审批流转等功能，全方位保障两票的正确编制及规范化审批流转。

（3）报表自动化。通过梳理交接班管理、巡检管理、运维管理及维修管理等各项业务流程，配置日常繁杂工作流程，实现工作流程自动化；面向专职、班组等不同层级，结合数据融合服务，实现个性化报表定制、跨部门在线协同填报、统计分析报表一键生成等功能，提升场站的精益化管理。

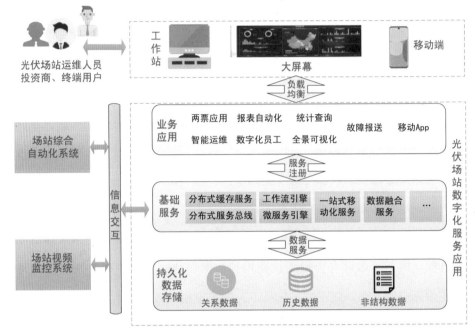

图 8-4　光伏场站数字化服务应用方案

（4）一站式移动化服务。面向用户日常工作的各类能源服务场景，打造一站式移动能源服务应用，实现移动端的现场巡检、抢修流程管理、工单处理、信息查询等功能；为能源投资商提供现场工作态势展示、并网信息汇总、设备故障推送等功能；为终端用户提供发电量展示、设备运行状态信息等功能；为不同层级、不同岗位的员工提供自定义功能，实现检修计划推送、设备告警提示、检修过程中风险告警等功能，提升服务的效率和质量，提升客户体验。

（5）故障报送及故障预测。提供各类故障告警推送，支持告警信息的查询统计；针对发电量进行数据分析，实现基于人工智能技术的设备故障预测、消息提醒预警，提示运维人员提前检查，减少电量损失。

（6）可视化展示。提供可视化展示服务，帮助调度人员直观掌握光伏场站的实时状态、变化趋势、告警状况，为光伏场站的运行、维护、检修、排障、优化提供可视化的决策依据。

3. 典型技术

（1）数据融合服务。通过软件模拟的方式按照预定流程和规则，代替基层员工完成固定性、重复性的各类工作，通过可视化配置，实现业务数据融合和流程信息处理，提升工作能效。

（2）报表自动化。面向管理层、一线员工等不同层级，结合数据融合服务，实现业务模版按需定制、多维数据接入、报表发布、共享复用的报表全生命周期管理，用户可按需定制个性化报表，进行跨部门在线协同填报，一键生成 Excel 报表或 Word 文档，以满足多样化的日常工作需求。该技术的难点在于，一是模板定制，需要满足客户对不同格式文档、报表的自动化生产需求，进而提供客户自定义模板；二是数据接入，需要实现数据源管理和数据集配置，确保数据来源准确，数据与模板接入配置准确，从而生成准确的目标文档。

（3）全景可视化。全景可视化技术聚焦光伏场站全局，汇聚数据采集与监视控制（supervisory control and data acquisition，SCADA）模块采集的设备静态数据、运行数据结合位置信息等数据，进行全景可视化展示。其难点在于数据接入融合，如何从 SCADA 模块进行数据接入，以及如何与地理位置信息进行融合，实现光伏场站告警事件可视化展示、电网潮流可视化展示、配网负荷可视化展示。

8.2　电网域主题馆创新应用

8.2.1　面向输电线路密集通道监测应用

1. 背景

跨区交直流混联电网建设中，输电通道环境复杂多变，且跨度长、高差大，局部杆塔位于高山、垭口地区，微气候明显，存在着山火、覆冰、舞动、雷击等多种危险因素。同时输电线路越来越密集，输电通道交叉跨越、共用输电走廊的问题愈加突出，局部区域甚至不得不采用多线同杆的架设方式，给电网安全运行带来极大威胁。有必要开展输电线路密集通道监测，进一步提高特高压密集通道精益管控能力。

2. 实现方案

以融合数字孪生、5G、无人机、北斗、卫星遥感等新技术的输电线路密集通道智慧管控平台为核心，构建密集通道三维数字孪生模型，实现通道线路状态实时感知、设备信息全息互联、运行风险主动预告警、现场作业智能处置等功能。平台实时发布外破隐患预告警信息，联合无人机、微拍、摄像头等装备资源，定位附近巡检人员，主动推送业务工单完成闭环处置，形成空天地立体巡检能力。面向输电线路密集通道监测应用示意图如图 8-5 所示。

图 8-5　面向输电线路密集通道监测应用示意图

（1）以"标准监督＋保障评价"为抓手，基于全面增强密集通道安全风险立体防控能力，确保输电线路密集通道安全稳定运行为目标，全景展示通道总览、运行负荷、安全运行等保障措施。

（2）围绕"精益监视＋应急协同"的功能定位，全要素展示输电线路密集通道与重要断面的电网资源，实现通道运行状态与风险等级的精益化监视；跨区协调各类灾害突发应急事件，提升区域电网应急保障能力。

（3）以"立体巡检＋智能处置"为切入点，应用无人机、5G、北斗、卫星遥感、数字孪生等新技术，实现密集通道及重要断面实时感知、全息互联、自主预警、智能处置，推动输电运维的空天地协同立体巡检与工单式驱动业务新模式。

3. 典型技术

（1）数据感知与监测技术。通过安装在设备结构表面或嵌入结构内部的分布式传感器网络，获取结构状态与载荷变换、操作以及服务环境等信息，检测当前设备运行状态，并借助数据动态驱动分析与决策等技术设备开展状态预测。

（2）复杂性系统建模技术。高精度的复杂系统模型是输电线路密集通道监测的前提，针对环境、载荷、材料性能等众多不确定因素，以及力、热、电等不同物理场之间的强耦合作用等问题，通过多目标优化建模和基于机器学习的逐步优化方法，实现高精度的复杂系统动态建模。

（3）线路故障定位技术。基于输电线路数学模型，根据行波传输理论进行故障距离测量，一旦输电线路中发生故障，故障点将会出现暂态波，通过测量行波达到测量装置的时间，实现对故障点精准定位。

（4）卫星遥感技术。利用遥感卫星对特定区域场景输电线路实施常态化周期性监测，对遥感影像数据进行解译处理，及时发现线路外破隐患，实现对输电线路状态的安全监测和损坏处的检测。

8.2.2　面向区域自治的配电网优化调控应用

1. 背景

随着分布式电源、电动汽车、分布式储能不断普及，配电网调度对象扩展至储能、微电网、虚拟电厂等新型可控资源。针对分布式可控负荷接入配电网带来的预测难、调控难等挑战，面向区域自治的配电网优化调控应用依托5G、人工智能、信息安全等数字技术构建"分散自治、集中协同"的区域分层调控模式，优化配电网调控管理，支撑配电网清洁能源高品质消纳、柔性接入，提升配电网的灵活性与适应性，实现配电网区域自治，保障配电网绿色、安全、经济、高效运行。

2. 实现方案

面向区域自治的配电网优化调控应用基于人工智能深度学习、强化学习技术，实现配电网短时功率、负荷的精准预测及潮流的智能分析计算。针对传统集中式调控模式难以适应海量可调控元素协同控制的难题，利用动态划分组网与分布-集中协同优化调度技术，实现区域自治地配电网动态分组；结合分布式电源短时功率预测、负荷预测、潮流分析、区域动态划分与协同调度等技术共同形成区域自治配电网优化调控方案。面向区域自治的配电网优化调控应用示意图如图8-6所示。

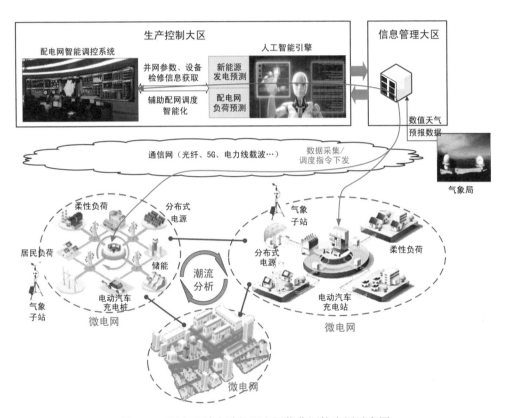

图8-6　面向区域自治的配电网优化调控应用示意图

（1）分布式电源短时功率预测、负荷预测。建设布局合理的气象资源监测终端，以15min为周期上报发电厂气象子站数据，以天为周期更新地域数值天气预报数据，依托人工智能深度学习、强化学习技术，以并网容量数据、气象子站数据、数值天气预报数据、设备检修状态数据、负荷类型及用能数据等为输入信息，构建分布式电源短时功率预测模型和负荷预测模型，全面提升分布式电源功率预测、负荷预测精度。

（2）潮流分析。分布式电源的引入导致配电线路有功功率/无功功率数值和方向改变，不同的分布式电源种类和运行方式导致潮流计算模型呈现多样性和动态性，配电网潮流计算更加复杂。将人工智能强化学习与配电网潮流计算融合应用，结合储能、负荷的位置、容量、类型对分布式电源出力的影响，基于配电网拓扑模型开展潮流分析人工智能训练，并不断迭代优化，提高潮流分析准确度。

（3）区域动态划分与协同调度。区域动态划分与协同调度指基于分布式电源运行数据及出力模型、负荷运行数据，结合配电网拓扑结构，分析分布式电源集群不同接入位置、接入容量以及负荷分布情况对配电网运行的影响，依托分布式电源集群划分指标及划分方法，实现供电区域动态划分，优化分布式电源、应急电源、储能等多资源协调控制能力，发挥配电网对供电恢复的支撑作用，增强配电网应对大面积停电的处置能力。

（4）区域自治配电网安全防护体系。区域自治配电网安全防护体系指基于区域配电网自治运行策略、运行控制安全认证及数据加密技术，结合对上安全接入、内部安全交互防护方法，全方位构建区域自治配电网安全防护体系，解决当前配电自动化信息安全防护体系尚未覆盖分布式电源接入带来的新型业务数据、控制流安全防护问题，实现调度主站对末端分布式电源、储能、负荷等末端设备的安全调控。

（5）先进通信技术支撑区域自治分布式电源调控。先进通信技术支撑区域自治分布式电源调控基于深度应用光纤、高速电力线载波、5G等先进通信技术，通过"有线＋无线"融合，全面支撑配电网安全运行，实现可靠、快速采集与实时、安全控制，承载精准负荷控制、配电自动化"三遥"、配电网差动保护等业务应用，构建"宽带化、扁平化、智能化"的配电网调度通信网络。

3. 典型技术

（1）分布式电源、储能预测技术。分布式电源、储能预测技术综合分析配电网负荷特性、分布式电源出力特性、储能装置约束，结合气象环境影响，构建分布式电源、储能预测模型。

（2）区域自治配电网潮流计算分析模型。区域自治配电网潮流计算分析模型分析不同类型的分布式电源、储能、负荷运行特性，研究适用于配电网调度的潮流算法，建立潮流计算分析模型，支撑配电网状态评估、网络拓扑生成、潮流获取等应用。

（3）计及源荷多重不确定性的配电网供电区域动态划分技术。计及源荷多重不确定性的配电网供电区域动态划分技术基于监测和运行数据挖掘分析，研究分布式电源的运行及出力相关特性，结合配电网拓扑结构、电源接入位置以及功率调节能力等因素，研究分布式电源集群划分指标与方法；构建配电网供电恢复分析模型，提出配电网不同状态下供电区域动态划分方法，通过多个配电网区域的协调控制为故障恢复提供有力支撑。

8.2.3 面向园区微电网的数字孪生应用

1. 背景

面向园区微电网的数字孪生应用对园区微电网多能源、多要素及其交互过程进行全方位建模与仿真，利用数字孪生技术实现园区微电网从物理世界到数字空间的实时完整映射；通过映射的数字实体开展仿真、计算、分析及决策，对物理系统进行反馈优化，实现对园区微电网三维立体全景可视化、运行状态感知及预测、智能运维与优化；为园区微电网风险预防、故障诊断、优化控制提供支撑，最终实现新能源消纳与并网、源荷高度互动的融合应用。

2. 实现方案

面向园区微电网的数字孪生应用基于有线、无线传感网络等技术，汇聚园区微电网光伏发电、光热机组、微风发电机组、储能等设备数据资源，以数字孪生为核心，利用三维可视化、高性能计算、人工智能、信息互联融合等技术进行智能诊断、预测性维护，加强园区微电网设备全状态量感知力与管控力，增强园区微电网安全生产保障能力，实现园区微电网的精益管理、精益检测和精益管控。
面向园区微电网的数字孪生应用示意图如图 8-7 所示。

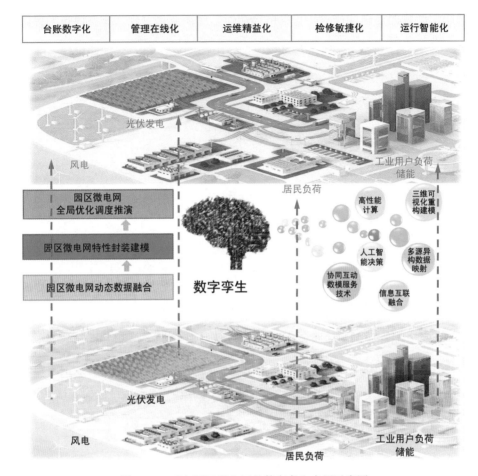

| 台账数字化 | 管理在线化 | 运维精益化 | 检修敏捷化 | 运行智能化 |

图 8-7　面向园区微电网的数字孪生应用示意图

（1）园区微电网动态数据融合。园区微电网动态数据融合指基于各环节的传
感器，监测光伏发电、光热机组、微风发电机组、储能等设备的地理位置、运行
状态等参数，采集风速、风向、温度、湿度、辐照度等气象信息，实现微电网全
园区、全状态、全要素的感知，海量多源异构数据的融合。

（2）园区微电网特性封装建模。园区微电网特性封装建模指基于动态本体建
模方法、领域驱动的模型扩展方式，构建园区微电网全要素数字孪生体，实现状

185

态数据与孪生体的实时动态融合，搭建数据映射融合的数字孪生空间。

（3）园区微电网全局优化调度推演。园区微电网全局优化调度推演指基于人工智能、大数据等先进技术，利用物联管理平台、企业中台、统一视频平台，以及在线感知平台等数字化成果，开展园区微电网的设备数字孪生体构建，实现微电网内新能源发电及限电分析与评估、潮流计算、设备实时监控与诊断、智能运维调控等能力。

3. 典型技术

（1）园区微电网数字孪生平台高性能技术架构。考虑分布式电源的接入、微电网并网等不同场景对数字孪生响应实时性、并发性的需求，提出园区微电网数字孪生平台技术架构、功能实现方法。

（2）高精准数字孪生实景三维可视化重构建模方法。考虑元件级、设备级与系统级等不同粒度与时空尺度，研究涵盖机理分析、知识发现、规则映射和三维虚拟等园区微电网数字孪生信息建模方法。

（3）高互联互控的数模服务技术。创建不同运行阶段新型电力系统数字孪生体数据导入接口，提出自同步、自维护、自更新方式，构建数字仿真与数据学习双重驱动的数字孪生快速场景生成能力，实现电网数字孪生与园区微电网业务场景结合。

8.2.4 电网规划运行平台应用

1. 背景

在电网规划、建设、运行过程中，常常面临各专业、各层级诉求不统一，数据不透明不共享，难以科学判断等问题；同时在落地实施层面，又会面临规划与运行方案不统一、电网运行安全和经济性难以平衡等问题。

围绕能源革命和数字革命相融并进的大趋势，通过建设电网规划运行平台应用，打造全息数据、全景导航、全程在线的智能可视化电网平台，纵贯多时态电网，服务多元化主体，创新网上管理、图上作业、线上服务新模式，推进电网业务数字化、可视化、智能化，全面支撑网上规划电网、网上建设电网、网上运营电网，为传统电网赋能赋智，是推动电网向能源互联网全面升级的重要举措。

2. 实现方案

电网规划运行平台应用通过场景化、模块化的方式将电网诊断、规划、计划、建设、统计、评价等全环节业务嵌入统一平台，设计标准化、规范化业务信息流；通过推行图上作业，依托图数一体、多维多态、灵活转换的电网一张图，直观展示现状电网，回溯复盘历史断面，仿真展望规划蓝图；通过推进线上服务，对内在线共享电网资源，实现跨专业协同、高效运转；通过对外推进电网与国土、环保、交通等"多规合一"，避免空间资源冲突；同时，作为电力大数据服务窗口，服务城市治理，助力政府决策。电网规划运行平台应用着力打造全息数据、全景导航、全程在线的"一图一网一平台"，拓展丰富的可视场景，有力支撑电网作业可视化；融合汇聚全息数据，有力支撑电网业务数字化；关联贯通在线业务，有力支撑电网协同在线化。电网规划运行平台应用示意图如图 8 - 8 所示。

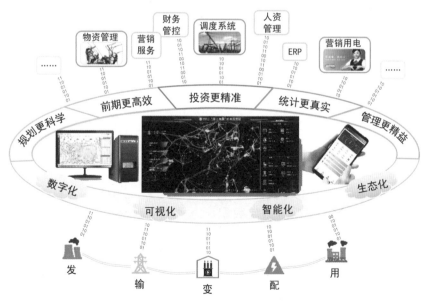

图 8 - 8　电网规划运行平台应用示意图

（1）电网一张图。建立站-线-变-户关系贯通的可视化拓扑图，完成从特高压电网到低压用户全覆盖、历史断面-现状电网-规划蓝图全贯穿、项目-设备-能量全关联的图数一体、任意穿透的可视化电网一张图，实现多维、多类、多源信息的图上搜寻与定制展现。

（2）数字孪生一张网。构建以实物设备为核心载体的电力大数据资产台账，承载能量流变动，感知信息流预警，形成一张图数融合一体的数字孪生电网，推动"业务在线产生数据，数据在线驱动业务"的良性循环。

（3）企业级电网规划运行平台。作为各层级发展业务统一入口和综合平台、企业级电网业务协同作业平台、企业级能源业务资源开放平台，支撑各层级、各单位开展智能规划、高效前期、精准投资、精益计划、自动统计，不断深化专业协同，强化一张图共维共享，实现电网管理和跨专业业务融合。

电网规划运行平台作为新型数字基础设施建设的业务实践，打通了调度、营销、设备、基建、物资、财务等专业系统，接入设备台账、运行曲线、空间资源等 300 多类数据。2021 年，该平台在山西省试点建设中贯通集成各专业 27 套系统，汇聚源网荷储各环节 390 类数据、20 个业务场景，实现了"在线诊断、智能规划、高效前期"等全环节业务线上应用。

3. 典型技术

（1）多源时空数据异构技术。基于爬虫包装器及自然语言处理技术（natural language processing，NLP）的半结构化、非结构化数据解析和特征提取方法，实现多源数据的贯通融合和非结构化数据的数字化、结构化处理，构建覆盖电网全环节、全链条、多维度的电力大数据，为多种类业务数据匹配融合提供技术基础。

（2）双空间一体化电网时空信息模型技术。电网时空信息同时分布于地理空间和电气空间，具有多源异构、动态拓扑、相互映射等复杂特征，基于双空间一体化电网时空信息模型，实现地理空间与电气空间深度融合的全要素全业务统一建模表达，提高电网发展业务的空间决策能力。

（3）大电网时空拓扑的秒级实时重构技术。电网有限节点的改变会导致拓扑状态和结构发生变化，高频时变特征对信息服务的实时性和重构能力提出了极高要求，采用复杂大电网时空拓扑的秒级实时重构技术，构建动静态服务自适应调度的高并发时空信息计算引擎，缩短电网拓扑分析业务处理时间至秒级，提高电网调度控制、应急抢修等业务的安全性与效率。

（4）基于北斗系统的电网资源信息更新技术。电网设备规模庞大、资源信息变化频繁，内网、外网之间存在多种数据交互方式，采用基于北斗系统的电网资源信息更新技术，创建电网资源信息"一次采录，一体更新"的全过程自主模式，保障大规模电网资源信息的高效可信更新与交换，满足低时延、高并发需求。

8.2.5　数字化班组移动巡检应用

1. 背景

"十三五"以来，电网企业不断提升电网设备数字化水平，初步建成了以物联管理平台、人工智能平台等数字化平台为基础的运检数字化架构，服务基层班组数字化转型，推动设备管理业务在线化、作业移动化、信息透明化、检修智能化升级。

针对班组在移动巡检作业过程中存在的生产信息系统易用性不足、移动作业应用覆盖不够、状态感知程度不高、智能化分析支撑能力不强的问题，数字化班组移动巡检以统一数据规范和业务流程为基础，融合共享实物 ID、智慧物联、人机协同等建设成果，实现巡检、抢修等流程的在线办理、作业人员对设备状态和作业信息的透明化管理。

2. 实现方案

基于输电线路、变电站、配电网图像识别技术，融合移动作业 App 技术，提出覆盖输电线路无人机自主巡检、变电站机器人巡检、配电网移动巡检方案，打造数字化班组移动巡检应用。数字化班组移动巡检应用示意图如图8-9所示。

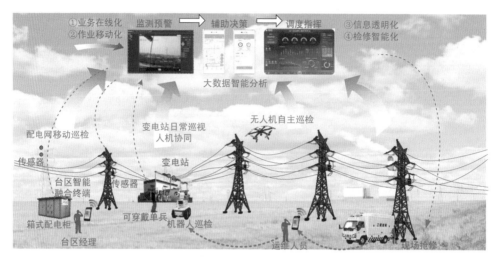

图8-9　数字化班组移动巡检应用示意图

（1）输电线路无人机巡检。在输电线路巡检方面，采用巡检无人机实现线路本体，特别是高空部位的人工巡视替代。通过无人机携带的高清摄像头，对线路通道及环境的隐患、缺陷、故障等进行视频及图像采集、分析、处理，并实时回传，设备资产精益管理系统结合现场电力设备实物ID、在线监测数据、设备运行历史数据，生成包含设备故障及缺陷信息的工单并派发至班组，运维人员根据工单开展现场作业排除线路缺陷及隐患，提高班组输电线路巡查效率。

（2）变电站机器人巡检。在变电站巡检方面，巡检机器人对站内设备进行自主巡检，通过红外、紫外、可见光等摄像头实现设备外观及标识牌识别、测温、开关分合状态识别、油位计识别、表计识别等；人工巡检移动终端采集实物ID、设备状态信息等数据，实现巡视过程自动记录。各类信息上传至PMS，完成日常巡视记录并及时诊断发现电力设备的缺陷、故障、升温等异常现象，生成工单并派发至班组，提高变电站运维检修效率。

（3）配电网移动巡检。在配电网移动巡检方面，数字化班组通过移动终端和台区智能融合终端进行移动作业和管理。台区智能融合终端在现场实时采集配电设备运行状态数据和环境数据，并上传至 PMS；台区经理利用移动终端通过移动应用平台及配电设备 ID 与系统进行交互，实现设备缺陷隐患在线记录、主动下派巡检工单、操作票线上办理、抢修业务线上办理等功能，代替传统班组纸质管控模式，提升台区设备运维效率。

3. 典型技术

（1）输电线路和变电站图像缺陷识别技术。通过输电线路缺陷识别部件标注，建立输电线路缺陷识别数据库并训练线路缺陷目标图像，将数据库部署在无人机的嵌入式计算平台中，对巡检无人机拍摄线路视频画面自动进行目标检测；通过变电站机器人图像采集，建立变电站设备缺陷及状态识别库，完成目标检测；通过人工智能自动识别目标状态，避免人工疏忽产生误报、漏报，提高巡检影像的识别效率和准确率。

（2）移动作业技术。该技术以一个终端集成各类服务、连接各个业务系统，实现全流程服务、全流程管控，并通过移动终端实现无纸化道闸操作、巡视维护、缺陷录入等工作，并将采集信息自动上传 PMS，提高巡检数据录入及时准确性和现场作业信息化水平。

（3）流程自动化技术。运用智能化、自动化技术，模拟人工操作自动执行流程、自动生成报表，代替员工执行固定性、重复性的工作，为员工减负。

（4）空天地一体协同感知技术。基于遥感卫星、无人机和地面设备对目标区域传输线路及周围环境进行空天地一体协同感知，实现跨平台、跨域多源数据采集、检测识别和融合处理，为准确定位传输线路缺陷、故障、异常以及周围环境灾害、沉降、植被等变化提供立体感知信息。

8.2.6　应急指挥应用

1. 背景

多发频发的极端气象灾害给电网运行、电力供应造成的威胁不断增加，对电网突发事件情况下的应急处置提出挑战。2021 年 7 月，河南省遭遇的极端强降雨所引发的洪涝灾害暴露了电网应急指挥存在灾害在线监测能力弱、电网及用户状态感知能力不足、应急资源调配能力不足、应急处置缺乏有效支撑、应急指挥功能不完善等问题，有必要以"全面信息感知、智能任务生成、高效资源配置"为目标，开展应急指挥应用研究。

应急指挥应用通过统筹人员、物资、设备、信息通信等资源，打破数据壁垒，实现电网运行、设备状态、物资调配、电网 GIS、卫星遥感等信息的互联互通和资源共享，形成包含全景感知、预案管理、监测预警、应急处置、灾后评估等过程的应急管理体系，确保突发事件情况下应急处置实时化、可视化、智能化、数字化，提升电网突发事件应对能力。

2. 实现方案

应急指挥应用主要由系统平台、外网智慧应急 App、现场应急设备等组成。其中，系统平台包括应急态和日常态两大功能，通过中台接入业务系统数据及应用相关服务；外网智慧应急 App 实现现场与内网系统数据互通业务互联；现场应急设备包括单兵装备、现场通信设备等，支撑现场应急抢修。应急指挥应用示意图如图 8-10 所示。

（1）现场视频支撑应急指挥决策分析。通过视频、图像、音频等手段实时采集并回传现场线路、站点、设备、人员、物资信息，支撑应急指挥系统掌握现场情况并开展分析决策。统一视频平台全面接入线路、站点上部署的各类常规视频设备，支撑应急指挥系统随时调阅；现场移动布控球、执法记录仪具备移动部署和便捷接入能力，能够拓展应急场景下视频接入方式，提升现场视频覆盖范围；智慧应急 App 支撑现场人员进行视频会商、全面掌握灾损情况，提升现场应急处理效率。

（2）应急抢修资源管理与调度。通过统一车辆平台、智慧供应链系统、电网 GIS 平台等支撑应急抢修资源管理与调度。统一车辆平台收集应急车辆的基础信息、状态信息和位置信息，统一组织和高效引导抢修车辆调配人员及运输抢修物

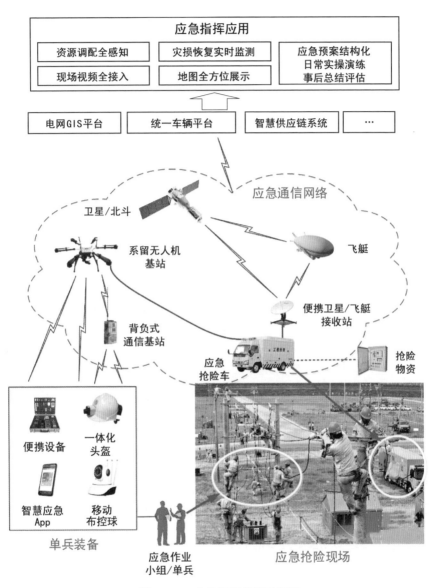

图 8-10　应急指挥应用示意图

资；智慧供应链系统通过供应链运营中心和电力物流服务平台，实时获取物资仓库
信息、物资存储信息、物资位置状态信息，支撑各类应急物资高效调配；电网 GIS
平台通过"GIS 一张图"叠加内外部灾情、舆情信息，实时显示人员、队伍、装
备、物资等调配情况，将变电站、线路、台区、用户等灾损及恢复情况在地图上进

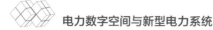

行直观、灵活、便捷展示，支撑应急指挥系统全面掌握现场态势和抢修进度。

（3）现场应急通信。针对灾害状态下公网中断的情况，围绕应急抢险车，建立包含单兵、便携基站、飞艇、卫星等的现场应急通信系统，为抢险救灾和灾后重建提供通信保障，实现应急现场与后方应急指挥中心的实时联动。

（4）灾后应急评估。利用卫星遥感、无人机遥感技术，获取受灾区域遥感图像，利用数据处理技术对灾后设备重建和人员、装备、物资等分布、损毁情况进行定量分析和态势评估。

3. 典型技术

（1）中台服务扩展及集成技术。该技术利用数据定制及推送技术，实现跨部门、跨层级融合应用；利用面向单兵、小组、现场的多级集群指挥调度及即时通信技术，实现单呼、组播、会议等通信操作，实现强插、强拆、转接、监听等调度操作。

（2）应急通信技术。该技术包括动态组网、多层接入、高速回传、集群调度等。在卫星星链、飞艇、无人机基站、无线宽带 Mesh 背负站、一线终端之间构建起灵活、动态的通信网络，结合北斗高精度定位，支撑小组/单兵、现场指挥中心、后台指挥部之间的高效协作。

（3）移动互联技术。实现应急现场视频、图像、语音、数据等多源信息采集、推送、处理、聚合、分析，支撑应急现场人员与指挥系统的高效交互。

8.2.7 智慧供应链应用

1. 背景

供应链是指生产及流通过程中，将产品或服务提供给最终用户的上游与下游企业所形成的网链结构。高质量、高水平的电网建设，离不开安全、稳定、高效的供应链保障支撑。

智慧供应链是具有数字化、网络化和智能化特征的供应链一体化数字平台，围绕物资全寿命周期管理，助力企业从传统物资管理面向产业链协同发展模式转变，建立"云采购、云签约、云检验、云物流、云结算"的新型协作模式，实现需求计划、招标采购、合同执行、仓储物流、质量监督、供应商管理、废旧物资处置等供应链全业务数字化的智慧贯通，充分发挥数据聚集效应，打造智慧供应链体系，实现有序运作、智慧运营，提升物资管理质效和供应链服务能力，助力供应链整体价值创造。

2. 实现方案

智慧供应链运用大数据、物联网、移动互联、人工智能等数字技术推动供应链数字化转型发展，搭建包含智慧决策中心的"互联网＋"供应链一体化数字平台。通过智慧决策中心高效的数据分析、全景可视、智能监控能力，打造以智能采购、数字物流、全景质控为基础的业务链，构建内外高效协同运作体系，强化供应链运营管理模式，形成"业务＋技术"双驱动的共同发展模式。智慧供应链应用示意图如图 8 - 11 所示。

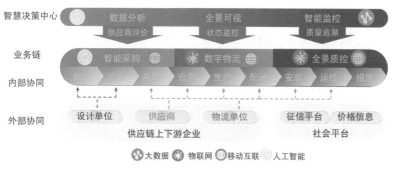

图 8 - 11　智慧供应链应用示意图

（1）智能采购。所有采购均在统一平台开展，实现投标响应结构化、开标网络化、评审智能化、授标自动化，做到业务全上线、流程智能化、应用一键式。

（2）数字物流。中标结果信息自动贯通至签约环节，"一键"生成合同文本，双方在线完成电子签署，对重点物资运输进行全程监控，在线办理到货验收及结算手续。

（3）全景质控。从采购源头抓起，实现设备生产、监造、抽检、试验，以及到货、安装、运行、报废全生命周期质量信息可视跟踪、全程在案。

（4）内外协同。对外打通与外部研发设计、生产制造、物流服务、客户需求等单元之间的联系，对内与企业发展策划、项目建设、财务等部门在同一平台分工协作，大幅提高协同效率。

（5）智慧决策。以供应链全局视角，构建智慧决策中心，基于大数据分析等技术，发挥数据聚集效应，打通物流、信息流、资金流，打造数据和管理中枢，实现供应链业务数据多维分析、全景可视、智能监控。

3. 典型技术

（1）人工智能相关技术。基于知识图谱技术，以结构化的形式描述客观世界中概念、实体及其之间的关系，支撑搜数据、搜报表、搜功能等应用场景的实现，打造供应商全息画像，为招标采购、质量监督等业务场景提供快速筛选和溯查能力；采用语音识别、语义解析等技术，提供智能客服、智能问答等更便捷、更人性化的数据使用方式，打造供应商服务机器人终端，为供应商用户提供 24 小时自助服务，全面减轻人工作业负担。

（2）物联感知技术。通过传感器、智慧物联网关等装置打通供需双方的数据壁垒，汇集生产线实时生产工艺数据以及出厂试验数据，由传统驻厂监造转变为远程数字化监造，实现质量进度在线管控，实现生产制造实时感知与智能监造深度融合。

（3）GIS 技术。以地理空间为基础，通过积累运输参量、路线、地标等数据资源，逐步形成覆盖全国的电力物流地理信息库，实时提供多种空间和动态的地理信息，促进道路、仓库、码头等地理信息共建共享，为大件、常规运输的路径规划等物流场景提供支撑。

8.2.8 智慧后勤应用

1. 背景

强有力的后勤保障、优质高效的后勤服务是推动企业经营发展的重要条件。

传统的后勤管理系统存在以下问题：一是服务手段单一，移动性、实时性、便捷性不高，缺少标准化、体系化、平台化的统一管理手段；二是存在各类后勤独立子系统，跨系统数据交互困难，导致业务横向无法贯通。智慧后勤应用为跨省市、多园区的大型企业实现后勤业务统一管理，涵盖资产管理、房产管理、公车管理、楼宇管理、智慧安防、出入管理、智慧食堂等各类后勤业务，通过后勤数据分析，为科学决策提供数据基础，开辟后勤业务数据新境界，实现数据互联互通互享，驱动企业后勤工作向卓越模式、智能模式转变，全面提升后勤服务效率和服务水平。

2. 实现方案

基于设备统一接入、物联感知技术，以智慧应用中心和智能决策中心为核心，实现后勤工作"设备物联、数据贯通、平台统一、智慧应用"，为企业员工及服务人员在出入管理、智慧食堂、楼宇智控、物业管理、车辆管理、房产管理等后勤业务领域提供智能管理服务；建立数据驱动的现代后勤管理机制与业务模式，全面实现后勤管理的运营感知、智慧分析、闭环管控能力，推进后勤服务高效化、后勤管理精细化、决策支持智能化。智慧后勤应用示意图如图 8 – 12 所示。

图 8 – 12　智慧后勤应用示意图

智慧后勤以后勤设备物联管理平台、后勤数据中台为基础，统一后勤设备的接入规范及后勤数据模型设计规范，实现设备接入的语义统一、方式一致。

（1）智慧应用中心实现后勤业务全域覆盖。后勤管理主要提供资产管理、工程管理、房产管理、公车管理、应急保障管理等后勤服务；物业管理主要提供楼宇智控、智慧安防、统一监控等物业服务；服务保障提供便捷出入、智慧食堂、健康服务等综合服务。

（2）智能决策中心实现后勤业务智慧可控。定位服务于后勤管理决策人员，提供运营分析、资产分析、满意度分析等服务，推动后勤服务更精细、投资更精准、管理更精益。

（3）智慧后勤综合服务统一门户及智慧后勤移动端应用。贯通后勤管理端、后勤服务端和后勤用户端，多维度、全视角地支撑后勤管控水平的提升，面向不同后勤业务角色，提供定制化的后勤管理、服务。

3. 典型技术

（1）数字孪生技术。借助数字孪生技术建设智慧后勤应用，实现基于空间后勤管理过程的实体与虚拟场景的交互，达到后勤可视化、精细化、智能化管理的目标。

（2）RFID 技术。RFID 是一种非接触式自动识别技术，通过射频信号自动识别目标对象并获取相关数据。RFID 技术应用在后勤资产管理各环节，通过建立具有统一身份编码的后勤资产信息库，形成流程标准规范的赋码管理体系，从而对后勤资产进行标准化、规范化、信息化管理，不断提升后勤资产管理水平和效率。

（3）数据分析与预测技术。运用数据分析与预测技术对海量后勤数据进行挖掘，分析挖掘结果得出预测性决策；通过对后勤数据进行分析和处理，挖掘后勤关联业务数据的有效价值，打破后勤各业务之间的数据壁垒，为企业预测未来用电量、提前发现设备故障隐患等业务场景提供数据支撑，助力企业做出最佳决策。

8.3 消费域主题馆创新应用

8.3.1 面向园区微电网自治的综合能源服务应用

1. 背景

综合能源服务是一种新型的、满足客户多元化能源生产与消费的能源服务方式。微电网是指由分布式电源、储能装置、能量转换装置、负荷、监控和保护装置等组成的小型发配电系统,集成了多种能源的生产、传输、存储、消费多个环节,是多能互补、源网荷储一体化等建设落地的重要途径,更是综合能源服务的重要应用场景。目前园区自治建设和示范项目试点中仍存在诸多问题,面向园区微电网自治的综合能源服务运行规划、治理机制、经营模式等科学问题和关键技术亟待突破。

2. 实现方案

面向微电网系统综合能源管控需求,在本地或云端部署园区智慧能源管控系统,构建园区微电网能源管控"大脑",打造集约高效、自主可控的综合能源数字化感知调控基础设施。基于园区微电网运行仿真的双层优化规划方法框架,生成系统最优配置(包括设备类型、设备容量),实现系统经济性、环保性及能源利用效率最优。面向园区微电网自治的综合能源服务应用示意图如图 8-13 所示。

(1)电能利用。基于微电网能源管控"大脑"生成最优运行策略,根据电能网络优化运行规划,以电能综合效益最优为目标,考虑多网调度运行约束,实现光伏发电、光热机组、微风发电机组、储能等设备协同运行,所发电量经并网柜并入交流母线,与市电共同支撑冰蓄冷机组、常规冷水机组、蓄热电锅炉机组及空气源热泵机组的电能使用;利用考虑电热冷跨能源系统的季节性储能优化配置方法与短期储能协调规划方法,采用满足安全约束的高比例可再生能源与储能协调配置方式，实现磷酸铁锂储能系统运行优化及储能充放电策略完善，并基于多元信息融合手段对系统动态可靠性进行评估。

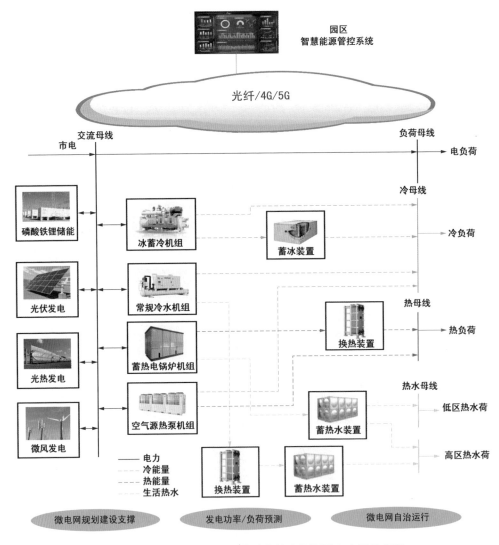

图 8-13　面向园区微电网自治的综合能源服务应用示意图

（2）冷能利用。采用微电网集中供冷模式，冷源主要包含双工况冰蓄冷机组、常规制冷机组及空气源热泵机组。基于微电网能源管控"大脑"生成多工况冰蓄冷机组、常规制冷机组及空气源热泵机组并联协调耦合运行策略，冰蓄冷、水蓄冷分别利用冰的相变潜热、水的显热实现冷量的储存，空气源热泵机组则是利用热泵进行水体系与空气能量转化。各制冷方式下蓄冷介质经新风系统换冷，以冷风方式为楼宇供冷。制冷并联协调耦合运行方案采用电力低谷期蓄冷、电力高峰期转移用电策略，能够有效提高微电网发电机组效率，减少发电设施和蓄能电站的投资运营成本。

（3）热能利用。采用空气源热泵、蓄热式电锅炉、常规冷水机组联合运行模式，实现园区供暖及热水供应。空气源热泵从空气吸收大量热能，给冷水加热后与新风系统换热，实现供暖效果；蓄热电锅炉基于日前负荷预测结果，经低谷电力加热热水蓄热，在供暖时段经换热装置与新风系统空气换热，达到园区供暖及热水供应目的；常规冷水机组在制冷同时，利用换热装置回收部分热量用于热水供应。热能利用基于高稳定性蓄热设备能源转换模式，采用热能科学计量计费与高效测量控制技术，打造智慧园区集中供热、清洁取暖解决方案。

3. 典型技术

（1）综合能源系统多能耦合规划技术。基于分布式能源预测误差概率分布的离散化方法，建立综合能源系统场景生成与提取模型，构建综合能源系统多能源耦合环节优化规划技术体系；通过灵活配置与统一管理，有效提升能源系统整体运行的经济性与可靠性，促进可再生能源利用及终端能源利用效率的提高。

（2）园区微电网源网荷储协同优化自治技术。以微电网内多种能源综合运行成本最低和最大化消纳弃风为目标，建立电热混合储能系统多目标运行模型，进而提出微电网多能源自治运行策略；通过微电网优化自治，提高分布式能源利用效率，降低微电网运行成本，保障微电网安全可靠运行，实现源网荷储协同调度。

（3）能源信息物理融合的多端口能量路由技术。通过不同路由形式的电能变换技术、通信技术、能量管理技术和即插即用技术，优化多能耦合与能量优化管理策略；通过多端口能量路由管理，促进配电网侧柔性接入和深度感知，推动能源网络信息互联互通，保障用户用电电能质量和供电可靠性。

8.3.2 虚拟电厂应用

1. 背景

随着高比例新能源与电力电子设备接入电网，电力系统平衡与调节能力承受巨大压力。虚拟电厂（visual power plant，VPP）是一种基于先进信息通信和计算机技术，聚合分布式电源、储能系统、可控负荷、电动汽车等不同类型的分布式能源，并通过更高层面的软件架构实现多个分布式能源的协调优化运行，作为一个特殊电厂参与电力市场和电网运行的电源协调管理系统。通过与电网的灵活、精准、智能化互动响应，实现在降低用户用能成本的同时平抑电网峰谷差，提升电网调节能力、保障电网安全稳定运行。

2. 实现方案

虚拟电厂按照主体资源的不同，可以分为需求侧资源型、供给侧资源型两种。需求侧资源型虚拟电厂以柔性负荷（含用户侧储能）、大用户负荷等资源为主，旨在通过邀约或市场化机制激励柔性负荷参加资源聚合，或通过对大用户负荷进行精准调控，挖掘负荷的可调能力实现削峰填谷；供给侧资源型虚拟电厂以公用型分布式能源、电网侧和发电侧储能等资源为主，旨在通过对分布式能源、储能等供给资源的规模化聚合，实现相当于大型发电机组的能源供给能力，参与电网调节。虚拟电厂聚合应用方案示意图如图 8-14 所示。

需求侧资源型虚拟电厂包括两种模式：虚拟聚合商模式、精准负荷控制模式。虚拟聚合商模式的业务流程为：电网调控中心将控制指令下发虚拟电厂协调管控系统，虚拟电厂协调管控系统将控制指令下发虚拟电厂聚合商代理，虚拟电厂聚合商代理根据调控指令对海量柔性负荷终端进行负荷调控，该方式一般是非实时响应。精准负荷控制模式的业务流程为：电网调控中心将控制指令下发虚拟电厂协调管控系统，虚拟电厂协调管控系统将控制指令通过虚拟电厂控制器下发给大负荷用户，实现对负荷的精准调控，该方式一般是实时响应。

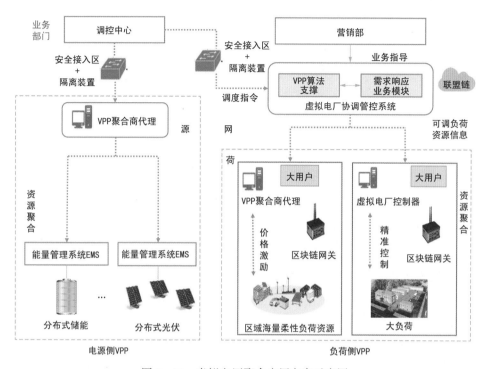

图 8-14　虚拟电厂聚合应用方案示意图

供给侧虚拟电厂由能量管理系统对分布式能源、储能的运行状态、发电功率、供能潜力进行监测、预测与评估，并将相关结果通过虚拟电厂聚合商代理上送电网调控中心；电网调控中心综合考虑供给侧新能源出力能力、电网侧消纳能力，将调控指令下发给能量管理系统，由能量管理系统实现对所管理资源供给能力的调节。

通信网络实现源荷末端设备与调度系统、虚拟电厂协调管控系统、能量管理系统之间的多层级信息交互，是虚拟电厂业务交互的关键。为满足毫秒级负荷切除需求，通过光纤、5G 等通信网络，利用时间敏感网络控制、5G 切片及能量管理系统等先进技术，建立时延可控、安全隔离的端到端高速通信链路，实现对可中断负荷、储能电源等的直接实时控制。为满足电网秒级调峰需求，结合柔性负荷、分布式电源、储能站广域分布、形式多样的接入特点，综合利用光纤通信网、工业以太网、4G/5G 公网、高速电力线载波等通信方式，提供快速部署、灵活接入、经济高效的通信解决方案，支撑海量柔性负荷的高效聚合与友好互动。

江苏省在 2015 年率先出台了季节性尖峰电价政策，探索需求侧资源型虚拟电厂模式，实现楼宇空调负荷、居民家电负荷等客户侧储能负荷参与实时需求响应，同时首次将江苏地区 1 万余台充电桩负荷纳入需求响应资源池，累计响应负荷量达到 2369 万 kW。

3. 典型技术

(1) 群调群控技术。基于对虚拟电厂聚合资源的可调功率-参数调整、可调功率-频率响应运行特性分析，建立资源调峰、调频模型，聚合区域风电、光伏发电资源及海量可调节（可中断）负荷，挖掘分布式新能源的调峰能力和用户侧可调负荷资源的调节潜力，实现供用电整体效益最大化。

(2) 可靠通信技术。基于光纤通信、工业以太网、4G/5G 无线通信、高速电力线载波等通信技术构建虚拟电厂分布式资源可靠通信网络；针对调度控制业务低时延承载需求，通过光纤、5G 异构通信广域时间敏感网络控制技术实现业务通信时延可控，提升虚拟电厂调度快速响应能力。

(3) 分布式可信认证技术。通过基于区块链的虚拟电厂能源认证技术，实现柔性负荷、分布式电源、储能等设备的可信接入并参与市场交易。

8.3.3 能源互联网营销服务系统应用

1. 背景

电力营销作为最接近消费者、最容易为企业带来实际收益的环节，是企业数字化创新升级中受众面最广的一个版块。为满足客户服务诉求个性多元、电力市场改革深化推进、能源服务市场快速发展等形势变化，能源互联网营销服务系统以营销业务发展为目标、以数字化建设为基础，依托数字技术使营销运营、管理各环节更加精准和智能，在确保数据资产安全的前提下，推动业务价值的持续创造。

围绕底层客户全物联、中部共享大中台、前端灵活微应用3方面，通过"云大物移智链"等先进技术，采用建运一体、中台架构、两级部署、两级协同的建设模式和技术路线，充分运用移动互联和敏捷构建技术，促进营销前端应用的移动化、智能化和快速构建，全面提升一线员工的现场作业能力和全方位服务能力。

2. 实现方案

全面对接多投资主体、多服务主体、多客户需求、多业态形式，建成客户聚合、业务融通、线下线上无缝连接的能源互联网营销服务系统，为个人、企业、政府、伙伴、管理、员工等各类客户构建全领域服务，实现多业务跨域融通、数据增值共享。能源互联网营销服务系统主要由前台、中台、业务连接平台、运营管理平台、运维监控平台、客户物联应用中心等构成，底层环境由公共共享服务研运一体化支撑组件、营销开发测试生产环境组成。能源互联网营销服务系统应用架构示意图如图8-15所示。

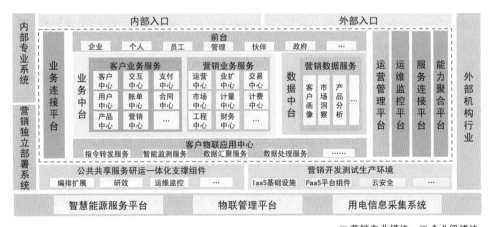

图8-15　能源互联网营销服务系统应用架构示意图

（1）前台（含移动端）。主要包括前端界面和前台服务，前端界面通过应用服务编排调用营销业务服务、客户服务业务中台、营销数据服务和客户物联应用中心服务，满足业务快速变化的需求，为业务研发提供足够的灵活性。前台分为统推标准类应用、个性化应用、创新业务应用3类，个性化应用和创新应用可逐渐沉淀到统推标准类应用。

（2）中台。包含业务中台、数据中台。其中，业务中台包含客户中心、交互中心、支付中心、用户中心等客户业务服务以及运营中心、业扩中心、交易中心、市场中心等营销业务服务，供营销服务系统前端业务应用构建和直接调用；数据中台提供客户画像、市场洞察、产品分析等营销数据服务，为系统前端业务应用提供数据调用，提升系统核心应用的敏捷迭代和快速调用能力。

（3）业务连接平台。业务连接平台作为能源互联网营销服务系统与企业其他系统集成的关口，主要包含连接管理、接口纳管、运行管理、全景展示等功能，实现营销接口服务总体归集和统一接口标准管理，对前端、后端进行高标准、高效率调度，提高用户服务体验，提升管理效益。

（4）运营管理平台。依托客户服务业务中台、营销业务服务和营销数据服务，为省电力公司、上下游产业单位开展活动运营、产品运营、市场运营、客户运营、服务运营、品牌运营、合作伙伴运营等运营活动提供支撑，实现拉新、留存、促活、赋能。

（5）运维监控平台。面向基础运行环境、平台组件、应用服务提供多维度的监控运维服务，同时具有跨云平台统一接入访问能力，可实时掌握全业务链路运行状态，提升业务运维人员故障定位效率、降低配置难度、提升运维效率。

（6）服务连接平台。连接前端应用与业务系统的桥梁，支撑业务贯通、组合创新应用，提供服务统一接入、内外网统一穿透、服务管理、拓展服务维护等功能。

（7）能力聚合平台。作为能力管控枢纽内引外联，可便捷接入能源互联网营销服务系统各种能力服务，同时可接入系统能力、业务能力、运营能力和第三方能力，为生态圈参与者提供个性化应用云端开发、云端构建服务，支撑生态圈应用。

（8）客户物联应用中心。支撑营销服务远程调试、抄表、费控、有序用电、多表合一等业务的实现，通过业务连接平台实现与物联管理平台、省级智慧能源 SCADA、用电信息采集等系统的交互，实现跨平台客户侧设备数据协同共享。

2021 年，能源互联网营销服务系统在江苏省完成全业务落地应用，全面支撑江苏省电力公司 4600 万用电客户线上开展电力营销业务。系统运行期间，系统累计处理工单两千一百余万次、累计收取电费三千一百余亿元。

3. 典型技术

（1）跨区域云安全架构技术。面向大型企业中的复杂组织架构，采用超大部署规模和跨域容灾技术，针对不同的地域、数据中心等多区域物理分散的问题，形成物理隔离、逻辑统一的"一朵云"，实现资源联动和共享，便于进行统一服务运营和管理，解决大型企业多区域互联互通、安全隔离、容灾备份等问题。

（2）云原生技术。主要包括 DevOps、持续交付、微服务、容器等几大主题。采用云原生技术和管理方法，应用程序利用开源技术栈进行容器化，基于微服务架构提高灵活性和可维护性，实现按产品、按对象、按微服务敏捷迭代模式，提供更优质的客户服务体验。

（3）灵活编排引擎技术。基于电费计算引擎、业务规则引擎、工单成本引擎以及采集调度引擎，解决多单位业务规则差异问题，实现量费计算模型的扩展编排，业务规则逻辑的可视化定义、维护与发布，工单成本自动挂接，采集数据高效传输、计算与存储，全面提升电费核算能力。

（4）数字化支付与智能分析技术。应用数字货币技术，完成数字钱包交费、退款、对账业务验证；对交费、对账、勾兑、凭证四个环节实现机器人流程自动化微内核，支撑多渠道代扣智能动态调级、银行交易自动对账、营财流水勾兑智能匹配，并自动生成交易凭证，降低人工干预比例，提升业务标准化、智能化。

8.3.4 客户服务移动应用

1. 背景

2019 年 8 月国务院印发《全国深化"放管服"改革优化营商环境电视电话会议重点任务分工方案》对推广线上办电业务提出明确要求。电网企业为加快推进线下服务向线上服务转变,针对实践过程中存在服务渠道入口多、各渠道业务交叉、数据资源分散、公共服务共享能力欠缺等问题,积极开展"互联网+营销服务"建设,加快构建统一服务门户满足用电客户多元需求。

客户服务移动应用作为电网企业营销服务统一网上服务平台,打破数据壁垒,汇聚用电客户、电商客户、电动汽车客户、光伏客户、能效客户等基本信息和业务信息,实现跨领域业务贯通和数据汇聚,形成客户全景视图,深化大数据分析、培育成果应用,开展业务引流和产品创新,支撑企业开展主动优质服务,赋能产业创新发展。

2. 实现方案

以"全需求、全领域、全场景"为视角,开展客户服务移动应用产品服务目录设计,从单领域业务向跨领域业务延伸,可通过整合原有分散在掌上电力、95598 网站、电 e 宝、e 充电等各类线上渠道的业务入口,支持用户信息集中共享、业务领域全面融通、线上渠道统一运营,实现交费、办电、能源服务等业务"一网通办"。

客户服务移动应用建设的总体架构分为应用层、共享服务层、技术支撑层、基础设施层,其中应用层主要包括客户服务移动应用 App 等;共享服务层包括共享服务中心、共享服务层平台(服务连接平台、业务连接平台、数据共享应用平台、运营支撑平台);技术支撑层包括云操作系统、云服务中心等核心技术组件;基础设施层包括计算资源、存储资源、网络资源。客户服务移动应用总体架构示意图如图 8-16 所示。

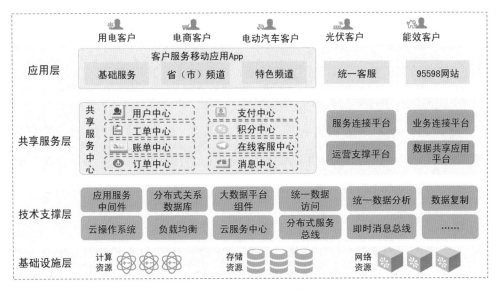

图 8-16 客户服务移动应用总体架构示意图

（1）客户服务移动应用 App。作为电网企业互联网服务线上的统一入口，包括基础服务、省（市）频道和特色频道。基础服务包括供电服务、电动汽车服务、综合能源服务、电商服务、公共服务、通办服务、关联服务、运营服务；省（市）频道包括浙江频道、江苏频道、北京频道等；特色频道包括电 e 宝、光 e 宝、e 充电等。

（2）共享服务中心。客户服务移动应用共享服务中心包括用户中心、工单中心、账单中心、订单中心、支付中心、积分中心、在线客服中心、消息中心等。信息外网部分为全渠道客户提供统一账户服务，实现一次注册、全渠道应用；信息内网部分聚合传统用电及新型综合能源服务客户账户信息、基础档案信息和行为信息，打造统一客户全景视图，实现客户服务移动应用全领域客户聚合。

（3）共享服务层平台。包含服务连接平台、业务连接平台、数据共享应用平台、运营支撑平台，其中，服务连接平台包含内网服务连接与外网服务连接，内网服务连接用于平台服务转发、服务分派、协议适配等，外网服务连接用于 App 发布、统一路由服务、服务发布等；业务连接平台包含接口全景展现、连接管路、接口纳管等功能，实现电网企业不同层级电力公司业务对接；数据共享应用平台用于数据存储和访问，全面支撑以客户为中心的数据分析和应用；运营支撑平台主要包含运营管理、监测预警等功能，实现电网企业不同层级电力公司、上下游产业单位协同运营。

截至2021年11月，国家电网的客户服务移动应用"网上国网"注册用户突破2亿，月活跃用户达3800万，实现了从电费交纳到用电咨询、报装接电、故障报修等业务的线上办理。

3. 典型技术

（1）异地多活灾备技术。分布在异地多个站点同时对外提供服务，通过异地的数据冗余，来保证在极端异常的情况下业务也能够正常提供给用户，为保障客户服务移动应用运行稳定性，采用多地多活的部署模式，当某中心出现突发故障时，其他中心能实现服务接管，保证客户服务移动应用系统整体可靠性。

（2）异构数据源数据传输技术。客户服务业务在发展过程中积累了海量异构业务数据，在数据汇聚过程中需要重点解决数据传输问题，利于分布式消息队列技术搭建数据源数据传输服务，实现关系型数据库、非关系型数据库等异构数据源间的高效数据传输。

（3）前端混合架构技术。同时支持Html5、Weex开源框架、原生等开发模式，构建IOS、Android、网页多端统一的原生应用，实现一份代码、多端适用，降低开发成本，支撑业务创新，满足省市公司个性化服务需求。

8.3.5 储能云网应用

1. 背景

大量分布式光伏、风电、可再生能源等新能源并网，对电力系统灵活调节能力提出更高要求，为储能发展带来新的挑战和机遇。储能技术主要是通过化学反应、物理、电磁等方式，把多余电能、热能、光能、风能等转化为电能存储并加以利用，实现新能源发电的平滑输出，在很大程度上解决了新能源发电的随机性、波动性问题。近年来储能电站建设不断加快，但缺乏整体规划及协同机制，经常出现"有储无电、有电无储、容量不足"等状况。如何安全、高效、经济地存储电能，以满足广泛的高质量用电需求，是储能行业长久以来不懈的追求。

数字技术正深刻影响着储能行业的发展方式，基于储能云网应用建设，广泛接入各类储能资源，将分散在不同地域、不同规格、不同技术路线的储能装置连接在一起，实现区域储能资源的全局管控，加快储能有效融入电力系统发、输、配、用各环节进程。储能云网的规模化应用能充分发挥储能产业价值，有效促进新能源消纳。

2. 实现方案

储能云网以电网为核心，聚合电源侧、电网侧、用户侧各类电化学储能资源，通过分布式储能的广泛接入、智能监控和协同调度，实现储能资源状态全息感知、运营数据全面连接、储能业务全程在线、客户服务全新体验、能源生态开放共享和储能多元化盈利，打造共建、共享、共赢的"互联网＋储能"生态体系，深挖储能资源应用潜力，助力电网安全稳定运行，促进清洁能源高质量消纳，支撑电力辅助服务、需求响应、电能交易、共享储能等多元化储能业务开展。

储能云网是以储能云平台为基础、以智能边缘处理装置为支撑、以分布式储能协同调度为核心的智能化平台，通过整合各类储能资源，建成资源统一接入、设备统一管理、业务全程在线、场景全面覆盖、运行安全可控、调度经济高效的储能运营管理模式，构建调配中心、运营中心、运维中心、监控中心等主要业务中心。储能云网应用示意图如图 8－17 所示。

调度中心实现多元异构储能资源的建模管理，明确设备接入及资源的接入规范，实现储能设备及资源智慧物联；构建智能最优经济调配模型，支撑分布式储能电站协同调配运营和储能资源池化管理。

运营中心构建基于储能资源池化管理的虚拟化、组件化应用，全面支撑"峰谷套利、需求响应、辅助服务"等储能运营场景,支持电网、新能源场站、储能运营方、设备厂商的全生态构建,实现全网储能资源信息互联。

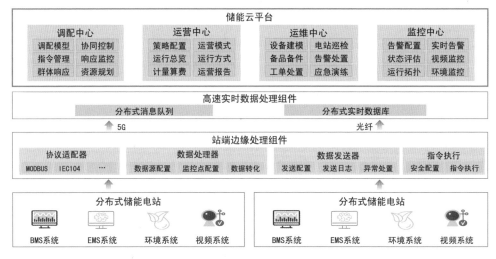

图 8-17　储能云网应用示意图

运维中心实现储能电站运维管理全域覆盖、全程可控、全景可视,覆盖设备管理、巡检管理、工单管理、状态管理、告警管理、预案管理、应急管理等,为电网、新能源场站、储能运营方提供全方位、立体化的储能数字化运维支撑。

监控中心构建全链路、多层级、细粒度的设备状态监控体系,支撑实时展示、动态告警,基于人工智能技术,开展储能电站状态多层级评估和诊断,实现事前监控告警,支撑储能电站安全稳定运行。

3. 典型技术

(1) 多元异构储能电站统一接入技术。开展储能电站资源建模和接入建模,抽象形成统一对象管理模型,实现不同结构储能电站的动态配置和统一管理。

(2) 分布式储能电站协同调配技术。依托分布式储能电站最优经济调控模型,实现储能资源池化管理,支撑调度指令的自动化任务分解。

(3) 储能电站资源虚拟化技术。以储能资源池化管理为基础,依托储能应用场景技术响应需求，构建面向多元化业务场景的储能资源虚拟化应用，服务于电力辅助服务、需求响应等具体业务场景。

8.4　政府域主题馆创新应用

8.4.1　碳监测、碳计量与碳评价应用

1. 背景

电力行业碳排放占全国碳排放的30％以上，随着我国提出"碳达峰、碳中和"目标，能源电力行业有必要加快实现低碳转型和绿色发展。碳监测、碳计量与碳评价应用通过准确可靠的碳排放监测计量数据，为评价清洁能源配置优劣、评估新设备新技术应用效果、衡量全社会节能提效水平提供有效参考。碳监测、碳计量与碳评价应用依托先进的数字技术，实现源侧、网侧、荷侧全景"观碳"、深度"感碳"和前瞻"算碳"。

碳监测、碳计量与碳评价应用通过接入能源、工业、建筑、交通等重点行业、区域的碳排放和碳交易数据，支撑政府构建一站式"能源＋双碳"数据中心；建立包括固定排放源在线监测、厂区/厂界无组织排放监测、城市区域背景监测的"三位一体"监测体系，实现碳监测的空间全覆盖、重点排放源全覆盖和监测因子全覆盖，以及碳排放管理的时间精准、区位精准、对象精准和问题精准；基于电、煤、油、气等能源生产消费和碳排放总量强度数据，建立重点区域、行业、企业碳减排潜力分析预测模型，支撑政府开展用能结构调整，助力达成"碳达峰、碳中和"目标。

2. 实现方案

基于源网荷全环节碳流精准感知与计量设备，实现直接碳排放量测值、间接碳排放关联参数的采集与数据融合，依托智慧能源"双碳"服务平台，实现电力系统全环节碳排放流的精准计量，结合当地能源结构特点，根据时域、地域、类

型和行业等维度，搭建电碳监测模型、碳排放核算模型，计算含碳排放发电量、零碳排放发电量、外送电量、重点排碳行业用电量等数据，监测分析省、市、县三级碳排放指数、碳强度指数和碳汇指数，实现新型电力系统源侧、网侧、荷侧的碳排放流精准计量、全景追踪、深度分析和精确评价。碳监测、碳计量与碳评价应用示意图如图 8-18 所示。

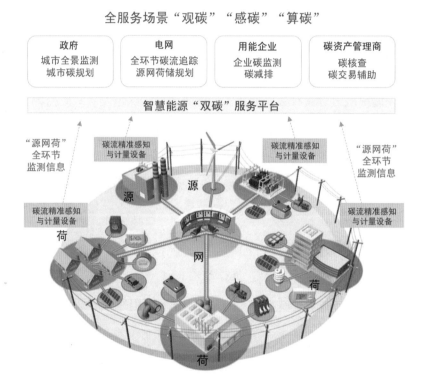

图 8-18 碳监测、碳计量与碳评价应用示意图

全景"观碳"指构建碳流监测和追踪算法，提供能源碳排热力图和碳流图，直观反映能源碳排情况；深度"感碳"指基于碳流追踪，通过算法辅助判断电力系统全环节碳排放态势；前瞻"算碳"指融合历史 GDP、用电量、清洁能源占比等数据，提供源网荷储辅助规划和"碳达峰、碳中和"趋势预测。根据"能耗-电力-碳排放"转换原理以及各类行业指南和国家标准，构建全场景的碳排

放数据监测追踪体系，实现碳排放核算、多维数据分析，服务政府、电网、控排企业及碳资产管理商，加速推动电力行业清洁低碳转型，助力工业企业深度脱碳。

3. 典型技术

（1）碳流精准感知与计量技术。基于碳流数据采集模块接入各生产环节的温室气体传感器、流量计、温度计等传感设备，实现高频数据采集；通过数据融合算法，精准计算各生产环节的碳排放量，实现电力系统源网荷全环节的碳排放量精准感知与计量。

（2）智慧能源"双碳"服务平台技术。以云计算及大数据技术为基础，以电力系统源网荷碳排放流监测、计量、分析和评价为业务功能导向，整合水务、燃气、政府等多方系统平台数据，面向政府、电网、控排企业、碳资产管理服务商等核心客户，提供能源/碳监控、分析、管理、服务、交易、生态等工具化、平台化应用，实现"观碳"、"感碳"和"算碳"。

8.4.2 绿色电力交易应用

1. 背景

绿色电力交易指以绿色电力产品为标的物的电力中长期交易，满足电力用户购买、消费绿色电力需求，并提供相应的绿色电力消费认证。绿色电力交易将市场机制和鼓励政策有机的结合，引导并激励新能源投资，推动进入平价时代的新能源产业健康发展，助推"双碳"目标实现。

2. 实现方案

绿色电力交易应用由"e-交易"平台、电力交易平台、可再生能源消纳凭证交易系统、区块链平台组成。绿色电力交易应用总体架构如图8-19所示。

（1）"e-交易"平台。"e-交易"平台作为绿电交易统一入口，采用"手机盾"等先进安全认证计算，保障用户账号、交易信息安全。为市场主体提供线上绿电交易申报、交易信息获取、结算结果查询、绿电凭证查看、绿电溯源展示等

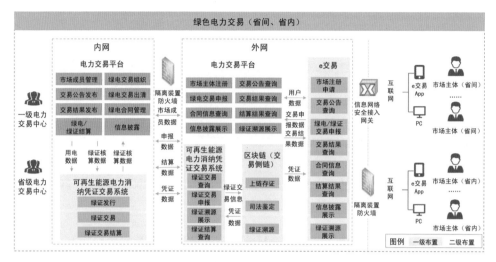

图 8-19　绿色电力交易应用总体架构图

"一站式"服务。同时，充分利用移动端便捷优势，通过消息推送等技术手段，方便市场主体及时获取市场信息、交易信息。

（2）电力交易平台。电力交易平台依据市场规则，提供绿电主体注册、绿电交易出清、绿电合同签订、绿电计划编制、绿电电能结算等业务支撑，支持多交易品种、多交易方式、多交易周期的绿色电力交易开展，生成突出电力绿色属性的电子合同，保障绿电优先执行和优先结算，实现绿电合同信息以及结算结果的上链存证。

（3）可再生能源消纳凭证交易系统。可再生能源消纳凭证交易系统提供省间-省内绿证交易的组织、出清、结算及统计核算、追踪溯源等业务支撑，支持绿电凭证账户与可再生能源消纳账户统一管理，绿电凭证交易与超额消纳量交易并行开展，实现更大范围的绿电消纳统计与责任权重监测。

（4）区块链平台。区块链平台生成具有唯一区块链存证编号的绿证，全面记录绿色电力生产、交易、消费、结算等各环节信息，保证不可篡改，实现绿色电力全生命周期可信溯源，为用户提供权威绿色电力消纳认证，保障绿电交易透明、可信、高效。

绿色电力交易应用实现了绿电交易和绿证交易两大核心业务流支撑,典型业务应用如下:

(1)绿电交易平台端应用。绿电交易平台端应用基于电力交易平台建设,在电力交易平台现有市场服务、市场出清、市场结算、信息发布、市场合规、系统管理应用基础上,根据绿电专项交易需求,实现绿电主体注册、绿电交易组织、绿电交易结算、绿证核算、绿电信息披露及绿电成效展示等功能,支持多交易品种、多交易方式、多交易周期的绿色电力交易开展,生成突出电力绿色属性的电子合同,保障绿电优先执行和优先结算;并与区块链平台及可再生能源消纳凭证交易平台衔接,实现绿电合同信息以及结算结果的上链存证,为绿证发行及绿证交易前置数据支撑,承载北京及各省级电力交易中心绿电专项交易日常业务开展;同时,对外提供绿电交易专区服务功能,支持参与绿电交易的发电企业、电力用户、售电公司各类绿电市场主体,通过"e-交易"移动应用及交易平台外网开展市场注册、交易申报、信息披露、绿证管理与溯源展示、市场信息查询等绿电交易业务开展。

(2)绿电交易移动应用。绿电交易依托"e-交易"移动应用,实现交易支撑、信息披露支撑、运营服务、成员注册增值服务、信息管理前端应用和后台服务建设,并与电力交易平台、绿证交易平台、区块链系统实现互联,满足各类市场主体参与绿电、绿电消费证书市场化交易,提高交易机构绿电、绿证交易组织、运营服务能力,促进绿色电力的生产、传输、消纳。

(3)绿证交易应用。绿证交易是保证绿色电力市场化交易制度和可再生能源配额制度有效贯彻的配套措施。绿证交易应用主要基于可再生能源电力消纳凭证交易系统建设,依托区块链等新技术,开展绿证发行业务、绿证交易业务、绿证结算业务和绿证交易数据安全保障业务,实现绿证交易全过程上链,对数据进行加密传输和加密存储,防止结算数据被篡改,给市场主体提供完整准确的结算结果,实现为各类市场主体提供能源应用外的金融性附加价值。

（4）基于区块链的绿电溯源应用。基于区块链的绿电溯源是指在绿色电力交易体系下，利用区块链技术，实现在多方参与的流程中不必依赖第三方便达成彼此信任。基于交易侧区块链建设绿电溯源应用，通过与电力交易平台对接用户数据、合同数据、结算数据，将绿色电力交易核心业务全程链上运作，保证绿色电力认证服务中源端数据的真实性与可溯源，实现绿色电力的全流程溯源认证，并通过电力交易平台及"e-交易"为用户颁发绿色电力证书；同时应用区块链司法鉴定技术保障交易主体合法权益，通过区块链与法律科技融合，克服电子交易数据取证难、易丢失、易伪造的天然缺陷，实现交易数据从"事后取证难"向"同步存证易"的重大转变，为绿色电力交易数据提供更安全、更透明、更合规的全生命周期管理。

截至 2021 年 4 月，绿色电力交易平台在 27 家省（市）交易中心应用，为市场主体提供安全、便捷的绿电交易、绿证交易和绿电认证服务，满足新型电力系统对清洁化、低碳化的需求，实现绿色电力"可交易、能结算、可认证、能溯源"。

3. 典型技术

（1）绿证数字化编码发行技术。统一绿证编码规范，研发凭证发行算法模型，保障凭证全网通识、全国流通、全周期溯源，适应绿证交易更高效的数据存储与交易机制。

（2）基于区块链的数据加密和交易轨迹追踪技术。利用区块链点对点分布式网络和公共账本技术，采用多种加密手段处理，将绿色电力生产、传输、交易及消纳全流程数据上链存证，实现可信透明计算，保证交易信息数据的完整历史和交易轨迹，实现全流程可溯源、不可篡改，保证数据隐私和安全，杜绝破解和泄露问题。

（3）网络交易流量智能监控管理技术。通过网络访问规则配置、容量规划配置、应用程序流量分析、异常访问量分析、可视化展示流量访问曲线等方式，设置流量管理策略，减少外界对系统的未知攻击，避免异常访问量高峰导致交易失败。

8.4.3 能源大数据中心应用

1. 背景

随着能源数据的爆发式增长和数据处理能力不断提升，能源大数据已成为社会生产的新要素，是社会经济发展重要驱动力。需要聚焦政府、行业、企业、电力客户各方对能源数据的应用诉求，对各种能源数据汇聚整合、挖掘分析，促进政府决策科学化、社会治理精准化、公共服务高效化。

能源大数据中心是能源数据全生命周期汇聚及利用的中心，是推动能源革命和数字革命深度融合的重要载体，由政府主导、电网主建，发电、煤炭、石油、天然气、电工装备等上游、下游企业和联盟单位多方参与建设，采取"公益性＋市场化"相结合的运营模式，推进"平台＋数据＋运营＋生态"一体化发展，赋能实体经济，推动产业转型，助推经济高质量发展。

2. 实现方案

聚焦政府、工业企业及民众等需求，能源大数据中心通过基础设施平台建设，汇聚能源行业、宏观经济、政策法规、城市管理、地理环境和其他外部数据，形成高质量数据资产，提供数据管理、运维管理、创新应用、安全防护等服务，实现各类能源数据的汇聚融合和融通应用。能源大数据中心主要涉及基础设施平台、数据管理平台、应用创新平台、运维管理体系和安全防护体系，其总体架构如图 8-20 所示。

（1）基础设施平台。通过构建软硬件基础设施平台，为能源大数据中心提供基础资源、存储、服务器等基础服务。基础设施平台实体可采用分布式部署，不同地理分布的基础设施平台实体通过可靠的通信链路进行信息传送。

（2）数据管理平台。通过构建数据管理平台，为能源大数据中心提供数据接入、存储计算、分析服务等数字服务。其中，数据接入用于实现各能源关联领域

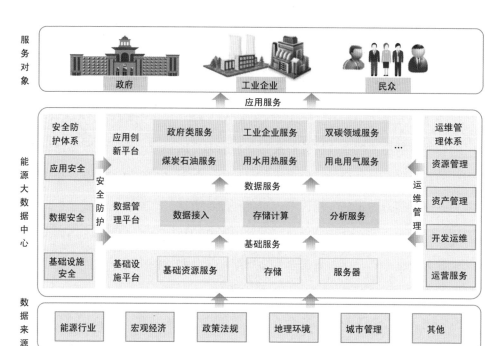

图 8-20　能源大数据中心总体架构图

结构化、半结构化、非结构化数据周期性、实时和准实时海量数据汇聚；存储计算用于实现不同类型能源数据的存储及不同时效的数据处理与计算；分析服务用于数据资源深度挖掘、自助式分析等，实现数据价值发现。

（3）安全防护体系。通过构建安全防护体系，保障能源大数据中心基础设施安全、数据安全与应用安全。其中，基础设施安全包括访问控制、身份鉴别、安全审计、动态监控等；数据安全包含数据采集安全、传输安全、存储安全、使用安全、共享安全、销毁安全等数据全生命周期安全；应用安全涵盖应用创建、开发、测试、上架、下架、销毁等应用服务的全生命周期管理。

（4）运维管理体系。通过构建运维管理体系，为能源大数据中心提供资源管理、资产管理、开发运维、运营服务等服务。其中，资源管理用于平台和数据资源统一管理及应用，包含元数据管理、主数据管理、数据模型管理等，支撑对平台资源的在线查询、配置和分配；资产管理实现以数据资产形式对已有的数据资源、服务对象进行管理；开发运维为应用开发提供一站式技术支撑，以及从平台、组件、到数据运行的全过程监控；运营服务为生态参与者提供开放式服务，涉及能源信息产品售前、销售和售后全过程等。

（5）能源信息产品。通过对能源大数据进行开发、利用，对政府、工业企业、民众等提供大数据支撑业务服务。其中，面向政府，通过能源大数据汇聚及利用，为政府开展能源监管、能源规划、能源经济、能源环保、能源民生等方面分析决策提供服务支撑；面向工业企业，通过能源产业链数据共享与开放，驱动行业数字化转型，提升企业用能效率与用能安全，支撑企业精益发展；面向民众，提供用能咨询、业务办理、信息发布和智慧用能等服务，推进民众便捷用能、推进社会低碳发展等。

3. 典型技术

（1）数据模型及交互技术。建立能源大数据中心高频次交互数据的公共信息模型，实现对各类型能源业务数据规范定义，满足数据从源端进入能源大数据中心后的解析及使用需求；基于公共信息模型聚合数据的典型方法，满足各类型能源数据通过差异化方式集成的需求。

（2）分析计算服务技术。针对能源大数据中心多业务场景、多量级时空数据处理需求，基于快速拓扑分析、图节点平行处理、图分层并行等方法，构建高性能图数据库引擎，支撑能源大数据中心的电力数据高效查询、时序数据流访问和互动可视化。

（3）数据共享服务技术。采用多源异构参数融合、资源动态分配、标签智能生成等方法，支撑能源大数据中心多源异构数据资源融合、智能化数据服务、多维定制化数据挖掘，满足政府、企业和公众等不同群体对能源大数据中心数据、服务和产品的应用需求。

参考文献

［1］Botta A，De Donato W，Persico V. Integration of cloud computing and internet of things：a survey [J]. Future Generation Computer Systems，2016，56：684－700.

[2] Rimal B P, Choi E, Lumb I. A taxonomy, survey, and issues of cloud computing ecosystems [M]. Cloud Computing. Springer, London, 2010：21－46.

[3] 柳兴. 移动云计算中的资源调度与节能问题研究 [D]. 北京邮电大学博士论文，2015.

[4] 王文婧. 移动云计算的 QoE 评价与优化研究 [D]. 北京邮电大学博士论文，2013.

[5] 韩肖清，李廷钧，张东霞，等. 双碳目标下的新型电力系统规划新问题及关键技术 [J/OL]. 高电压技术：1－12 [2021－10－12]. https：//doi. org/10. 13336/j. 1003－6520. hve. 20210809，2021.

[6] 唐念，夏明超，肖伟栋，等. 考虑多种分布式电源及其随机特性的配电网多目标扩展规划 [J]. 电力系统自动化，2015，(8)：45－52.

[7] 王玮，李睿，姜久春. 面向能源互联网的配电系统规划关键问题研究综述与展望 [J]. 高电压技术，2016 (7)：2028－2036.

[8] 高红均，刘俊勇. 考虑不同类型 DG 和负荷建模的主动配电网协同规划 [J]. 中国电机工程学报，2016 (18)：4911－4922＋5115.

[9] 邢海军，程浩忠，张沈习，等. 主动配电网规划研究综述 [J]. 电网技术，2015 (10)：2705－2711.

[10] 赖征田. 能源大数据中心建设与应用研究 [J]. 供用电，2021，38 (4)：1.

[11] 王圆圆，白宏坤，李文峰，等. 能源大数据应用中心功能体系及应用场景设计 [J]. 智慧电力，2020，48 (3)：15－21，29.

[12] 中国南方电网有限责任公司. 数字电网实践白皮书 [R]. 2021.

结　束　语

随着数字技术高速发展，以及新冠疫情的助推，数字生活的受众愈发广泛，数字经济蓬勃发展，数字时代"未来已来"，"数字虚拟人""数字家庭""数字社区"等各类应用生态层出不穷，数字空间日趋成型，并逐步向工业、制造领域渗透。电力数字空间的提出恰逢其时，既契合了数字经济的发展趋势，又响应了能源变革的时代要求，为新型电力系统高质量发展提供数字引擎。

需要指出的是，区别于当前生活、娱乐等领域数字空间的"天马行空""无中生有"，电力数字空间具有典型的工业特征，必须遵循电力系统的物理网架与运行规律，基于科学的模型与方法实现电力系统设备级、单元级、系统级的映射、学习、推演、预测，形成可靠的策略指导电力系统建设与演进。为实现上述目标，电力数字空间中感知与网络无处不在，各种跨域跨业务数据壁垒完全打破，分析决策科学智能高效，形成源网荷储各环节广泛互联互通、全局协同计算、全域在线透明、智能友好互动的新局面，助力构建清洁低碳、安全可控、灵活高效、智能友好、开放互动的新型电力系统。

当然，电力数字空间是一项复杂的系统工程，非一企之力、一夕之功可完成，需要产业链上下游共同参与，积极贡献力量，合力打造具有完备供应链、产业链、价值链、创新链的产业集群，形成多样、开放、系统、和谐、共享的生态体系。我们相信，在能源革命与数字革命的双重驱动下，电力数字空间未来可期！